現場で使える！

# Watson
（ワトソン）
## 開発入門

Watson API、Watson StudioによるAI開発手法

伊澤諒太、井上研一、江澤美保、佐々木シモン
羽山祥樹、樋口文恵　著

## 本書内容に関するお問い合わせについて

このたびは翔泳社の書籍をお買い上げいただき、誠にありがとうございます。
弊社では、読者の皆様からのお問い合わせに適切に対応させていただくため、以下のガイドラインへのご協力をお願い致しております。
下記項目をお読みいただき、手順に従ってお問い合わせください。

### ●ご質問される前に

弊社Webサイトの「正誤表」をご参照ください。これまでに判明した正誤や追加情報を掲載しています。

正誤表　https://www.shoeisha.co.jp/book/errata/

### ●ご質問方法

弊社Webサイトの「刊行物Q&A」をご利用ください。

刊行物 Q&A　https://www.shoeisha.co.jp/book/qa/

インターネットをご利用でない場合は、FAXまたは郵便にて、下記翔泳社愛読者サービスセンターまでお問い合わせください。電話でのご質問は、お受けしておりません。

### ●回答について

回答は、ご質問いただいた手段によってご返事申し上げます。ご質問の内容によっては、回答に数日ないしはそれ以上の期間を要する場合があります。

### ●ご質問に際してのご注意

本書の対象を越えるもの、記述個所を特定されないもの、また読者固有の環境に起因するご質問等にはお答えできませんので、予めご了承ください。

### ●郵便物送付先およびFAX番号

送付先住所　〒160-0006　東京都新宿区舟町5
FAX 番号　　03-5362-3818
宛先　　　　㈱翔泳社 愛読者サービスセンター

※本書に記載されたURL等は予告なく変更される場合があります。
※本書の対象に関する詳細はivページをご参照ください。
※本書の出版にあたっては正確な記述につとめましたが、著者や出版社などのいずれも、本書の内容に対してなんらかの保証をするものではなく、内容やサンプルに基づくいかなる運用結果に関してもいっさいの責任を負いません。
※本書に掲載されているサンプルプログラムやスクリプト、および実行結果を記した画面イメージなどは、特定の設定に基づいた環境にて再現される一例です。
※IBM Watsonは世界の多くの国で登録されたInternational Business Machines Corporationの商標です。
※その他、本書に記載されている会社名、製品名はそれぞれ各社の商標および登録商標です。
※本書の内容は、2019年2月執筆時点のものです。

## はじめに

　IBM Watson®（ワトソン）はやさしく、そして使いやすい人工知能です。手軽に開発に取り入れ、楽しむことができます。無料でほとんどの機能を試すこともできます。

　Watsonは、AIサービスの先駆けのひとつとして、時代をつくってきました。日々、進歩しており、機械学習や深層学習を用いたアプリケーション開発で使う開発者も増えています。

　本書の目的は、Watsonを用いた開発を、あなたに体験してもらうことです。

　Watsonの主力サービスである、

- Watson Assistant（照会応答）
- Watson Discovery（探索）
- Watson Studio（機械学習、統計解析）

を軸にした開発手法を紹介します。

　本書は大きく分けて2部構成になっています。

　第1部は、WatsonとIBM Cloudを用いたAIサービス開発の基本を紹介します。Watson APIで実際に人工知能を操作してみます。はじめての人にも入りやすいように、できるだけやさしい内容にしました。

　第2部は、Watson Assistant、Watson Discovery、Watson Studioを、章ごとにそれぞれ取り上げて、具体的な解説をしています。手を動かして、Watson開発の入り口を体験できるようになっています。また、Watsonを用いたサービスの具体的な実例として、Watsonを組み込んだハタプロ社のロボット「ZUKKU（ズック）」、そしてJAL（日本航空）の事例を紹介します。

　サンプルコードは翔泳社のダウンロードサイトからダウンロードできます。

　Watsonで、AIを用いたアプリケーション開発を、ぜひ体験してください。

2019年2月吉日
伊澤諒太、井上研一、江澤美保、佐々木シモン、羽山祥樹、樋口文恵

## INTRODUCTION 本書の対象読者と必要な事前知識

本書は、IBM社のWatsonを利用した開発手法を解説した書籍です。本書を読むにあたり、次のような知識がある方を前提としています。

- Pythonの基礎知識
- Windowsのコマンドプロンプト、PowerShellやMacにおけるターミナルによるコマンド操作の基礎知識
- 機械学習、深層学習の基礎知識

## STRUCTUER 本書の構成

本書は、2部構成で解説しています。

第1部では、Watsonの概要の説明からはじまり、IBM Cloudの登録方法やWatsonをcURLから利用する方法を解説します。

第2部では、Watson Assistant、Watson Discovery、Watson Studioについて、サンプルをもとに解説します。

第7章では、Watsonを用いたサービスの具体的な事例を紹介します。

# 本書のサンプルの動作環境とサンプルプログラムについて

本書の各章のサンプルは表1の環境で、問題なく動作することを確認しています。

**表1** サンプルの動作環境

| 章 | OS | アプリケーション、クラウドサービスなど |
|---|---|---|
| Chapter 2 | macOS | IBM Cloud |
| Chapter 3 | macOS | IBM Cloud |
| Chapter 4 | macOS | ・IBM Cloud<br>・Watson Assistant |
| Chapter 5 | macOS | ・IBM Cloud<br>・Watson Discovery |
| Chapter 6 | macOS | ・IBM Cloud<br>・Watson Studio<br>・Visual Recognition<br>・iOS Core ML & Watson Visual Recognition<br>・Carthage<br>・Watson Machine Learning |

> **ATTENTION**
>
> **ライト・プラン**
>
> ライト・プランではサービスごとに1つのインスタンスしか作成できません。

## ● 付属データのご案内

付属データ(本書記載のサンプルコード)は、以下のサイトからダウンロードできます。

● 付属データのダウンロードサイト
  URL https://www.shoeisha.co.jp/book/download/9784798158495

## ● 注意

　付属データに関する権利は著者および株式会社翔泳社が所有しています。許可なく配布したり、Webサイトに転載したりすることはできません。

　付属データの提供は予告なく終了することがあります。あらかじめご了承ください。

## ● 会員特典データのご案内

会員特典データは、以下のサイトからダウンロードして入手いただけます。

- ● 会員特典データのダウンロードサイト
  URL　https://www.shoeisha.co.jp/book/present/9784798158495

## ● 注意

　会員特典データをダウンロードするには、SHOEISHA iD（翔泳社が運営する無料の会員制度）への会員登録が必要です。詳しくは、Webサイトをご覧ください。

　会員特典データに関する権利は著者および株式会社翔泳社が所有しています。許可なく配布したり、Webサイトに転載したりすることはできません。

　会員特典データの提供は予告なく終了することがあります。あらかじめご了承ください。

## ● 免責事項

　付属データおよび会員特典データの記載内容は、2019年2月現在の法令等に基づいています。

　付属データおよび会員特典データに記載されたURL等は予告なく変更される場合があります。

　付属データおよび会員特典データの提供にあたっては正確な記述につとめましたが、著者や出版社などのいずれも、その内容に対してなんらかの保証をするものではなく、内容やサンプルに基づくいかなる運用結果に関してもいっさいの責任を負いません。

　付属データおよび会員特典データに記載されている会社名、製品名はそれぞれ各社の商標および登録商標です。

● **著作権等について**

　付属データおよび会員特典データの著作権は、著者および株式会社翔泳社が所有しています。個人で使用する以外に利用することはできません。許可なくネットワークを通じて配布を行うこともできません。個人的に使用する場合は、ソースコードの改変や流用は自由です。商用利用に関しては、株式会社翔泳社へご一報ください。

2019年2月

株式会社翔泳社　編集部

# CONTENTS

はじめに ... iii
本書の対象読者と必要な事前知識 ... iv
本書の構成 ... iv
本書のサンプルの動作環境とサンプルプログラムについて ... v

## Part 1 基本編

### Chapter 1　Watsonとは ... 003

**1.1** Watsonをはじめよう! ... 004
　**1.1.1**　手軽に使える人工知能「Watson」 ... 004
　**1.1.2**　Watsonでできること ... 006
　**1.1.3**　IBM Cloud ... 007
**1.2** Watsonで作られたアプリケーションのデモ ... 009
　**1.2.1**　チャットボット ... 009
　**1.2.2**　大量データからの検索 ... 010
　**1.2.3**　画像認識 ... 010
　**1.2.4**　性格判定 ... 011
**1.3** 人工知能の分類とWatsonの位置付け ... 013
**1.4** まとめ ... 015

### Chapter 2　IBM Cloudの「ライト・アカウント」を登録する ... 017

**2.1** IBM Cloudの「ライト・アカウント」を登録しよう ... 018
　**2.1.1**　IBM Cloudでできること ... 018
　**2.1.2**　IBM Cloudの「ライト・アカウント」でできること ... 019
　**2.1.3**　「ライト・アカウント」を登録する ... 021
　**2.1.4**　「ライト・アカウント」で試せるサービスの一覧を見る ... 026
**2.2** まとめ ... 027

### Chapter 3　開発環境を整えて、Watsonを動かしてみる ... 029

**3.1** Watsonを実際に動かしてみよう ... 030
　**3.1.1**　cURLをインストールする ... 030
　**3.1.2**　cURLでWatsonを動かしてみる ... 032
　**3.1.3**　WatsonのAPIはRESTで呼び出せる ... 040
　**3.1.4**　cURLよりもIBM Cloudの管理画面から操作したほうが使いやすいAPIもある ... 040
　**3.1.5**　cURLの代わりにPostmanを使う ... 041
**3.2** IBM Cloudの開発環境を整えよう ... 043
　**3.2.1**　IBM Cloudの開発環境を整える (IBM Cloud CLI) ... 043

**3.3 開発者向けの情報源やSDKについて知ろう** 044
   **3.3.1** Code Patternsを参考にする 044
   **3.3.2** SDKを知る 046
**3.4** まとめ 049

## Part 2 応用編

### Chapter 4 Watson AssistantでWatsonと会話をする 053

**4.1 Watson Assistantを使って会話ロボットを作ってみよう** 054
   **4.1.1** Watson Assistantとは 054
   **4.1.2** あいさつだけの簡単なチャットボットを作る 055
   **4.1.3** 質問の意味を考えるチャットボットを作る 074
   **4.1.4** Watson Assistantはいかがでしたか？ 079
**4.2 Watson Assistantでアプリケーションを作ってみよう** 080
   **4.2.1** サンプルアプリケーションを作る準備をする 080
   **4.2.2** サンプルアプリケーションをダウンロードする 083
   **4.2.3** サンプルアプリケーションの設定ファイルを書き換える 087
   **4.2.4** サンプルアプリケーションをIBM Cloudに配置する 098
**4.3 IBM Cloud Functionsと連携させる** 100
   **4.3.1** 「ライト・アカウント」から「有償アカウント」へアップグレードする 100
   **4.3.2** IBM Cloud Functionsとは 102
   **4.3.3** Functionsとつながるチャットボットを作ってみる 106
**4.4** まとめ 120

### Chapter 5 Watson Discoveryで文書検索をする 121

**5.1 情報検索エンジン Watson Discovery** 122
   **5.1.1** Watson Discoveryとは 122
   **5.1.2** クローラー（文書取り込み） 127
   **5.1.3** エンリッチ機能 130
   **5.1.4** クエリ機能 140
   **5.1.5** Discoveryを使う 146
**5.2 WatsonをカスタマイズするKnowledge Studio** 170
   **5.2.1** Knowledge Studioとは 170
   **5.2.2** モデル作成に必要な作業とその流れ 173
   **5.2.3** Knowledge Studioを使う 173

### Chapter 6 Watson Studioで機械学習を行う 201

**6.1 AIの統合環境 Watson Studio** 202

- **6.1.1** Watson Studioとは ... 202
- **6.1.2** Watson StudioとほかのWatsonサービスの関係 ... 206
- **6.1.3** Watson Studioの機能構成 ... 208
- **6.1.4** Watson Studioでプロジェクトを作る ... 212

## 6.2 Visual Recognitionで画像認識 ... 217
- **6.2.1** Visual Recognitionとは ... 217
- **6.2.2** Watson StudioでVisual Recognitionのカスタムモデルを作る ... 220
- **6.2.3** iPhoneでVisual Recognitionのカスタムモデルを使う（iOS Core MLとの連携） ... 232

## 6.3 Watson Studioでモデル構築 ... 243
- **6.3.1** Watson StudioのNotebookでscikit-learnを使う ... 243
- **6.3.2** Model Builderで回帰モデルを作る ... 246
- **6.3.3** Neural Network Modelerでディープラーニングモデルを作る ... 256

## 6.4 Watson Machine Learning ... 275
- **6.4.1** Watson Machine Learningとは ... 275
- **6.4.2** Watson Machine Learningにモデルをデプロイする ... 275

# Chapter 7　Watsonをビジネスに活かす（Watson導入企業インタビュー） ... 283

## 7.1 株式会社ハタプロ ... 284
## 7.2 日本航空株式会社 ... 294

あとがき ... 305
プロフィール ... 306

**INDEX** ... 308

# Part 1
## 基本編

第1部は、WatsonとIBM Cloudを用いたAIサービス開発の基本を紹介します。Watson APIで実際に人工知能を操作してみます。はじめての人にも入りやすいように解説しています。

- **Chapter 1** Watsonとは
- **Chapter 2** IBM Cloudの「ライト・アカウント」を登録する
- **Chapter 3** 開発環境を整えて、Watsonを動かしてみる

# CHAPTER 1 Watsonとは

IBM Watson® はわかりやすく、手軽に使える人工知能です。本章ではWatsonを本格的に使う前に、その第一歩としてWatsonの全体像を学んでいきます。

# 1.1 Watsonをはじめよう！

本節では、Watson（図1.1）とはどのようなものなのか、どのようにすれば使いはじめられるのかについて学びます。

図1.1 Watsonの特徴

## 1.1.1 手軽に使える人工知能「Watson」

あなたはIBM Watson（以下、Watson）にどのようなイメージを持っているでしょうか。正体不明だけれども、とても賢くて、あらゆる会話を理解してくれる。自分の仕事を何でも肩代わりしてくれる——そんな想像をしているかもしれません。

Watsonは「人工知能」（Artificial Intelligence：AI） MEMO参照 と呼ばれていますが、この人工知能というテーマは、現在、過剰な期待と行き過ぎた不安を人々に生じさせています。残念ながら、人間と自由自在に会話できる機械（あるいはシステム）は、本書執筆時点では、まだこの世に存在しません。世界中の研究者が日夜、研究にいそしんで、そのような人工知能を作ろうとしています。

> **MEMO**
>
> **WatsonとAI**
>
> IBMによると、WatsonはArtificial Intelligence（人工知能）ではなく、Augmented Intelligence（人間の知能を広げるもの）である、としています。

　それでは、Watsonとは、どういうものでしょうか？
　Watsonを、ひと言でいうと「わかりやすく、手軽に使える人工知能」です。Watsonにデータを渡すと、あらかじめ与えておいた学習データをもとに、何らかの回答を返してきます。難しい機械学習のプログラムを書くことなく、その計算結果だけをすぐに手にすることができます。ディープラーニングのややこしいところはうまく隠されて、プログラミングの知識が少しあれば、すぐに試すことができる。そのシンプルさがWatsonの特徴です。
　もうひとつWatsonの特徴を挙げると、「クラウド」ベースのサービスという点です。インターネット上にWatsonが置いてあり、私たちはそこにアクセスしてWatsonを使います。いちいち手元のパソコンに巨大な人工知能をインストールしたり、高価な機械を用意する必要はありません。その点でも、Watsonは手軽に使えるようになっています。
　価格も手ごろです。Watsonは「使った分だけ支払う」、いわゆる従量課金制をとっています。その中で本書では ライト・アカウント MEMO参照 という無料のアカウントを主に使うことになります。「ライト・アカウント」は、無料でありながら、そこそこの範囲までWatsonを試すことができます。登録にはクレジットカードが必要といった制限もなく、個人でも登録できるので、気軽にはじめることができます（ 図1.2 ）。

> **COLUMN**
>
> **Watsonがクイズ番組「Jeopardy!（ジョパディ!）」で勝った**
>
> 　Watsonの名前が、華々しくメディアに出たのは、2011年2月16日のことです。米国のクイズ番組「Jeopardy!（ジョパディ!）」で、2人のクイズ王を相手に、Watsonが勝利し、最高金額の賞金を手にしました。IBMの研究所では、この勝負のために4年の歳月を費やしてWatsonを開発しました。Watsonには、100万冊の本に相当する文章や歌詞などのデータを学習させていました。
> 　その後、Watsonはさらに改良を重ね、また機能ごとにモジュールに分けられて、クラウドのサービスとなり、現在のような、誰もが使いやすいかたちとなりました。

> **MEMO**
> **ライト・アカウント**
> IBMの公式Webサイトでは、「フリー・アカウント」「フリー・プラン」と表記されることもあります。

クレジットカードなしで登録できるから、気軽

図1.2 「ライト・アカウント」はクレジットカードなしで登録できるので、気軽に試せる

## 1.1.2　Watsonでできること

　Watsonでは、どんなことができるのでしょうか。次のようなものがあげられます。

- あらかじめ学習させたデータをもとに、ユーザーとチャットする。
- たくさんのデータから目的のものをすばやく検索する。
- 機械学習を活用して、画像に含まれているものを回答したり、画像を分類したりする。
- 音声をテキストにする。テキストを音声にする。
- テキストから、それを書いた人の性格を推測する。

　ほかにも、翻訳、テキストの分類、統計解析などができます。これらの機能は、それぞれが独立したモジュールになっています。モジュールのことを「サービス」や「API」 MEMO参照 と呼びます。言い換えると、たくさんのモジュールの集まりを「Watson」と呼んでいるのです。Watsonは単一の何かを指すのではな

く、APIの集合体に付けられたブランド名なのです（ 図1.3 ）。

> **MEMO**
>
> **本書におけるサービスとAPIの扱い**
>
> 以降、本書では「サービス」と「API」を、ほぼ同義なものとして用いています。

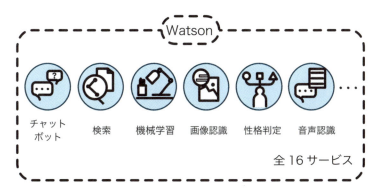

図1.3 「Watson」とは、モジュール（API）の集合体に付けられたブランド名

## 1.1.3　IBM Cloud

　Watsonは、「IBM Cloud」という名の、IBM社が提供するクラウドの上で使うことができます。IBM Cloudを契約する方法については、次章で学びます。

　図1.4 は、IBM Cloudの「カタログ」の画面です。ここにはWatsonのAPIの一覧表があり、ここから使いたいWatsonのAPIを選んでいくことになります（ 図1.5 ）。具体的な手順は、このあとの各章で学びます。

● **IBM Cloud**
URL　https://cloud.ibm.com/

**図1.4** IBM Cloudの「カタログ」画面のAIサービス一覧

**図1.5** IBM Cloudから使いたいWatsonのAPIを選ぶ

## 1.2 Watsonで作られたアプリケーションのデモ

IBMの公式Webサイトには、Watsonを用いたアプリケーションのデモが、多く掲載されています。いくつか紹介します。

### 1.2.1 チャットボット

　Watsonを用いたアプリケーションで、現在、最も目立つものは「チャットボット」でしょう。たとえば「クレジットカードでの支払い方法を教えて」というように、会話する調子でテキストを入力すると、そのテキストの意図をくみ取って、回答を返します。いわゆるキーワード検索のように、自分でキーワードを考える必要がなく、よく知らないことについても質問できるのが利点です。チャットボットでは、第4章で紹介する「Watson Assistant」というAPIを用います。

　IBMの公式Webサイトでは、銀行のチャットボットのデモ（ 図1.6 ）を試すことができます。

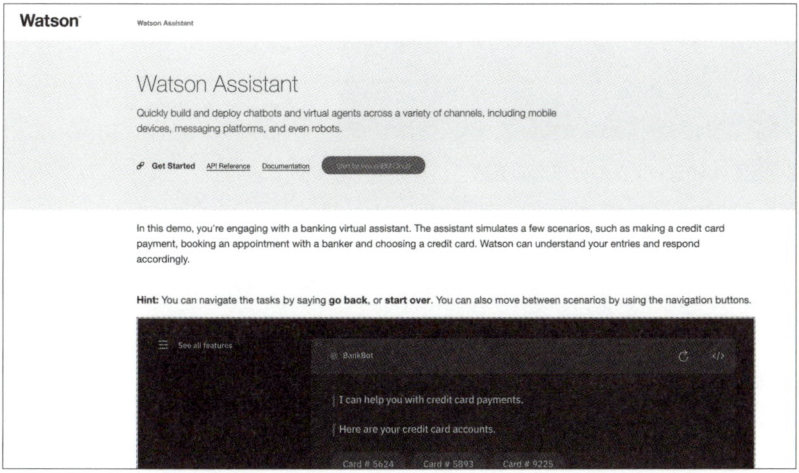

図1.6　チャットボットのデモ
URL　https://watson-assistant-demo.ng.bluemix.net/

## 1.2.2　大量データからの検索

　大量のデータからの検索し、その記事がどのような特徴を持っているかを分析するのもWatsonの得意分野です。たとえば、ニュースサイトの記事を大量に集めて、その中から特定のテーマに関わる記事をピックアップしたり、そのテーマに関連する語にはどのようなものがあるか調べたりすることができます。これには、第5章で紹介する「Discovery」というAPIを用います。

　IBMの公式Webサイトでは、大量のニュース記事から、自分の気になるテーマの記事を探すデモ（図1.7）を試すことができます。

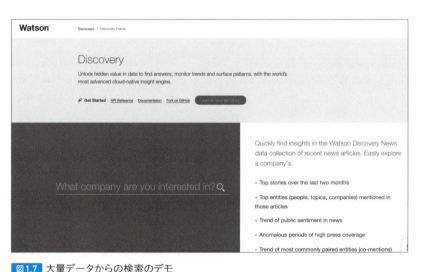

**図1.7** 大量データからの検索のデモ
URL　https://discovery-news-demo.ng.bluemix.net/

## 1.2.3　画像認識

　画像の中に何が写っているのか、どんな色味か、そういった分析をすることもできます。たとえば、画像をWatsonへアップロードすると、「この画像にはツイードのジャケットが写っています」「色味は灰色です」というように、その分析結果を表示します。画像認識を行うには、第6章で紹介する「Watson Studio」と「Visual Recognition」というAPIを用います。

IBMの公式Webサイトでは、画像認識のデモ（ 図1.8 ）を試すことができます。

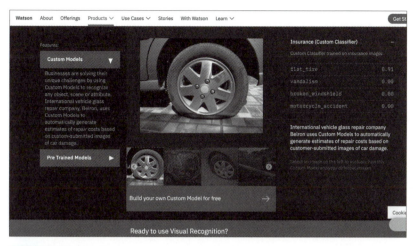

図1.8　画像認識のデモ
URL　https://www.ibm.com/watson/services/visual-recognition/demo/#demo

## 1.2.4　性格判定

一定量のテキストデータから、そのテキストを書いた人の性格を推定することができます。ビッグファイブと呼ばれる、人間の5つの大きな心理特性（知的好奇心、外向性、誠実性、協調性、情緒不安定性）を中心に、価値観やニーズ、消費傾向まで推定します。6000語くらいのデータがあれば、高確度で性格を判定することができます。

性格判定には、「Personality Insights」というAPIを使います。なお、本書ではPersonality Insightsの技術的な詳細については割愛します。

IBMの公式Webサイトでは、性格判定のデモ（ 図1.9 ）を試すことができます。自身のTwitterアカウントと連携させて、自分の性格判定をすることもできます。

図1.9 性格判定のデモ

URL https://personality-insights-demo.ng.bluemix.net/

　これ以外にも、多くのAPIがWatsonには存在します。Web上で試すことのできるデモも多数が用意されていますので、「このAPIはなんだろう」と思ったら、デモを試してみるとよいでしょう。

### カンファレンス「Think」

　「Think（シンク）」は、IBM社が開催するイベントの中でも、特に大きなカンファレンスです。2018年3月にラスベガスで行われました。全世界からIBM製品に関わる人々が集まり、参加者は3万人にのぼりました。またオンライン経由でも1万人の人々が閲覧しました。日本からも多くの人が参加しました。

　「Think」では、Watsonについても、大きな機能強化の発表がされました。そういった新機能のお披露目の場でもあるのです。

　また2018年6月には、「Think」の日本版が東京で開催されました。こちらも、多くの人が足を運び、盛況となりました。2019年の2月には、サンフランシスコで開催されました。

## 1.3 人工知能の分類とWatsonの位置付け

人工知能は、その性質によってさまざまに分類できます。その分類とWatsonはどのように対応しているのか見ていきます。

人工知能の技術は、その性質によってさまざまに分類できます。その分類において、Watsonはどのように位置付けられるでしょうか。

分類の例として、よく使われているのが、「人工知能のブームの世代で分ける」やり方や「人工知能が達成している能力水準のレベルで分ける」ものです。また、学習方法やロジックで分けることもあります（図1.10）。

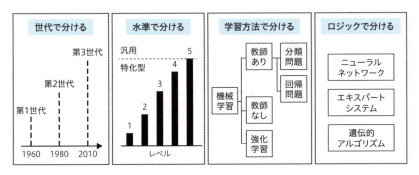

図1.10 人工知能の分類の例

Watsonの位置付けを理解するには、「パッケージング」という軸がわかりやすいでしょう。これは、「提供形態がどのようなものであるか」という分類です（図1.11）。

有名な人工知能のフレームワークである「TensorFlow（テンソルフロー）」や「Keras（ケラス）」「Caffe（カフェ）」「Chainer（チェイナー）」といったものは、フレームワークをもとに自力で開発することを想定しています。

それに対して、出来合いの人工知能がクラウドで提供されているものがあります。その代表的なものが「Watson」です。Watson以外にクラウドで提供されている人工知能としては、「Microsoft Azure Cognitive Services」や「Google Cloud Platform」などがあります。

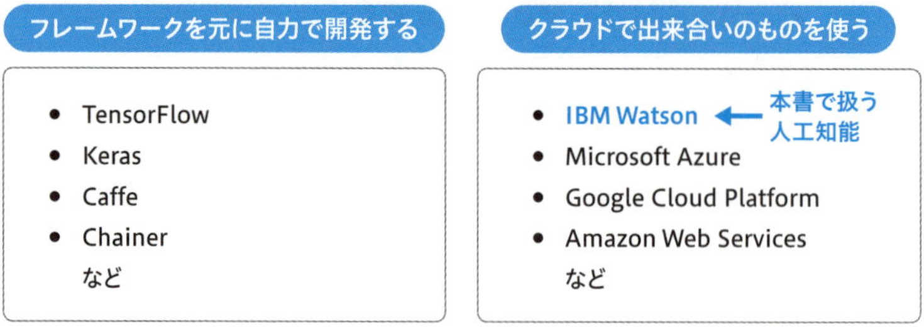

| フレームワークを元に自力で開発する | クラウドで出来合いのものを使う |
|---|---|
| • TensorFlow<br>• Keras<br>• Caffe<br>• Chainer<br>　など | • IBM Watson　←本書で扱う人工知能<br>• Microsoft Azure<br>• Google Cloud Platform<br>• Amazon Web Services<br>　など |

図1.11 人工知能をパッケージングで分類した例

## 1.4 まとめ

この章では、次のことを学びました。

- Watsonは「わかりやすく、手軽に使える人工知能」です。
- Watsonは「ライト・アカウント」という無料のアカウントで試すことができます。「ライト・アカウント」の登録にはクレジットカードは必要ありません。
- Watsonは、ユーザーとチャットしたり、大量のデータから検索したり、画像認識して写っているものを回答したりできます。これらの機能は「API」という単位で独立しています。
- Watsonは、「IBM Cloud」という名の、IBM社が提供するクラウドの上で使うことができます。
- IBMの公式Webサイトには、Watsonのデモが多く公開されています。
- Watsonはクラウドで動く人工知能です。

次章では、まずIBM Cloudの無償プランである「ライト・アカウント」を登録し、開発の準備をしていきます。

CHAPTER 2

# IBM Cloudの「ライト・アカウント」を登録する

Watsonを使うには、まずIBM Cloudでユーザー登録をする必要があります。本章では、IBM Cloudの無料プランである「ライト・アカウント」を登録する方法を説明します。

Part 1_基本編　Part 2_応用編

# 2.1 IBM Cloudの「ライト・アカウント」を登録しよう

Watsonを使うためには、まずIBM Cloudを契約する必要があります。本節では、IBM Cloud（ 図2.1 ）を無料で利用できる「ライト・アカウント」を登録する手順について順に見ていきます。

ライト・アカウントなら、無料で豊富な機能を試せる

クレジットカード不要　　ほとんどの機能を試せる

図2.1　IBM Cloud

## 2.1.1　IBM Cloudでできること

　IBM CloudはIBM社のクラウドサービスです。類似の競合サービスとして、Amazon Web ServicesやMicrosoft Azure、Google Cloud Platformがあります。

　クラウドサービスとは、インターネット経由でコンピュータやデータベースなどアプリケーションを開発・運用するための資源（リソース）を借りることができるサービスです。必要なときに必要な量だけ借りることができ、利用料金は使った分だけを支払う（従量課金）という特徴があります（ 図2.2 ）。

　クラウドサービスでは、ハードウェアの購入費用やインフラの運用費用を抑えることができることも魅力です。資源を追加するのも簡単なので、調達の手間も少なく、拡張性のある環境にすることができます。

　IBM Cloudも、ほかのクラウドサービスと同じく、さまざまなサーバー環境やミドルウェアの貸し出しをしています。そのひとつにWatsonがあるのです。

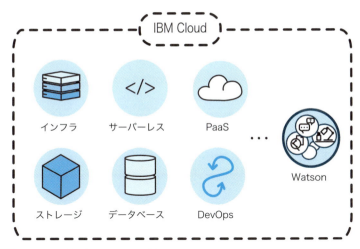

**図2.2** IBM Cloudの中にWatsonがある

## 2.1.2　IBM Cloudの「ライト・アカウント」でできること

　本書では「ライト・アカウント」というアカウントを主に扱います。「ライト・アカウント」は無料で、クレジットカードを登録する必要もありません。気軽にはじめることができます。

　「ライト・アカウント」では、IBM Cloudにある多くのサービスのうち、60ほどのサービスを試すことができます（2019年2月時点）。Watsonについては全16サービスのうち、「ライト・アカウント」では15サービスまで試すことができます（ 図2.3 ）。

**ライト・アカウントに対応したサービス：**
- Watson Assistant（照会応答）
- AI OpenScale（AIモデルの管理、監視）
- Compare Comply（契約書分析）
- Discovery（探索）
- Knowledge Catalog（分析データ準備）
- Knowledge Studio（テキスト学習支援）
- Language Translator（言語変換）
- Machine Learning（機械学習）
- Natural Language Understanding（テキスト分析）

- Personality Insights（テキストからの性格判定）
- Speech to Text（音声認識）
- Text to Speech（音声合成）
- Tone Analyzer（テキストから感情分析）
- Visual Recognition（画像認識）
- Watson Studio（機械学習、統計解析）

**ライト・アカウントに非対応のサービス：**
- Natural Language Classifier（自然言語分類）

**「ライト・アカウント」の制限：**
- サービスの利用量に上限がある。
- ひとつのサービスを使いはじめて、利用が30日間なかったとき、そのサービスが削除される。

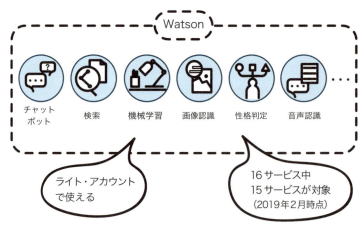

図2.3 「ライト・アカウント」でも、いろんなサービスが試せる

30日間の利用制限ではなく、その間に利用があればまた延長されるので、ゆるやかな制限となっています。ユーザーにとってはうれしい仕組みです。

「ライト・アカウント」の特長と制限について、より詳細な情報は、次のURLを参照してください。

- **IBM Cloud ライト・アカウント**
  URL https://www.ibm.com/cloud-computing/jp/ja/lite-account/

## 2.1.3 「ライト・アカウント」を登録する

それでは「ライト・アカウント」を登録しましょう。ブラウザーのアドレス欄に「https://cloud.ibm.com/」と入力し、IBM Cloudのトップページにアクセスします（図2.4）。画面左の「IBM Cloud アカウントの作成」をクリックします。

図2.4 IBM Cloudのトップページ
URL https://cloud.ibm.com/

登録情報の画面になります（図2.5）。「Eメール」「名前」「姓」「国または地域」を入力します。「パスワード」は制限が厳密なので、少し注意が必要です。パスワードは、少なくとも1つの大文字、1つの小文字、1つの数字を含む8文字から31文字でなければなりません。「?」「{」「:」「;」「"」「<」「>」の各文字は使用できません。入力が終わったら、画面の下のほうにある「アカウントの作成」ボタンをクリックします。

図2.5 登録情報

「ありがとうございます。登録を完了するには、Eメールをご確認ください。」という画面（ 図2.6 ）が表示されたら、先ほど登録したメールアドレスに登録確認のメールが届いています（ 図2.7 ）。

図2.6 「登録を完了するには、Eメールをご確認ください。」

**図2.7** 登録処理が行われたら登録確認のメールが送られてくる

> **MEMO**
>
> ### 「ライト・アカウント」の登録について
>
> 「ライト・アカウント」を登録するルートは、IBMの公式Webサイト上に複数あります。ページによっては、「フリー・アカウント」と表記されていることもありますが（ 図2.8 ）、同じ「ライト・アカウント」のことです。
>
>
>
> **図2.8** 別の登録ページもある（「フリー・アカウント」と表記されているケース）
> URL https://console.bluemix.net/

届いているメールの案内に従って登録を完了します。メールの本文にある「Confirm Account」ボタンをクリックします。図2.9 のような画面が表示されたら登録は完了しています。それでは、さっそくログインしてみましょう。「ログイン」ボタンをクリックします。

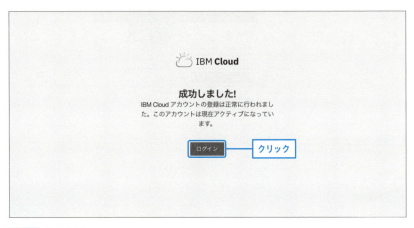

図2.9 登録完了

図2.10 のようなログイン画面が表示されます。「IBMid」（登録したメールアドレスです）と「パスワード」を入力して、「ログイン」をクリックしてログインしましょう。

図2.10 IBM Cloudにログインする

「IBMidのアカウント・プライバシーについて」という個人情報の同意確認ページ（図2.11）が出てくるので、ページ下部の「次に進む」をクリックします。

図2.11　IBMidのアカウント・プライバシーについて

次のような画面が出てきたら、ログイン完了です（図2.12）。

図2.12　IBM Cloudにログインした直後の画面

## 2.1.4 「ライト・アカウント」で試せるサービスの一覧を見る

IBM Cloudの管理画面の上部にある「カタログ」をクリックすると（図2.13 ❶）、利用できるサービスの一覧が表示されます。「ライト」と書かれているものが「ライト・アカウント」で、無料で試せるものです。左のメニューから「AI」をクリックすると（図2.13 ❷）、「AI」のサービス一覧を見ることができます。この「AI」の一覧として並んでいるものが、Watsonのサービスです。

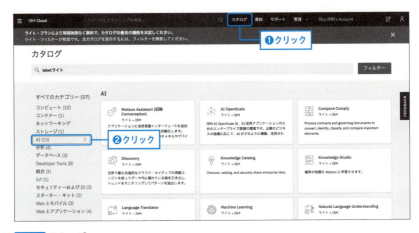

図2.13 カタログ

## 2.2 まとめ

この章では、次のことを学びました。

- Watsonを使うためには、まずIBM Cloudに登録する必要があります。
- 「ライト・アカウント」なら、IBM Cloudを無料で利用できます。クレジットカードを登録する必要もありません。
- 「ライト・アカウント」でも、Watsonのサービスの大部分を試すことができます。
- 「ライト・アカウント」の制限は、「サービスの利用量に上限がある」「ひとつのサービスを使いはじめて、利用が30日間なかったとき、そのサービスが削除される」です。
- 「ライト・アカウント」の登録手順。

次章では、開発環境を整えて、実際にWatsonを動かしてみましょう。

CHAPTER
3
開発環境を整えて、
Watsonを動かしてみる

開発環境を整えて、Watsonを実際に動かしてみましょう。本章では、cURLというツールを使って、Watsonを簡単に動かす方法を学びます。また、開発者向けのIBMの公式リソース、SDKといった、開発を助けてくれる情報についても学びます。

# 3.1 Watsonを実際に動かしてみよう

それでは、開発環境を整えて、Watsonを実際に動かしてみましょう（ 図3.1 ）。本節では、cURLというツールを使って、簡単にWatsonを動かす方法を中心に学んでいきます。

図3.1 Watsonを実際に動かす

## 3.1.1 cURLをインストールする

Watsonを手軽に試すには、「cURL」というツールが便利です。「カール」と読みます。cURLは、Watsonを使った開発においては、コンソール（Macではターミナル）からWatsonのAPIへhttpリクエストをするために使います。

cURLは、以下のURLからダウンロードすることができます（ 図3.2 ）。MacやLinuxでは最初から入っているので、わざわざインストールする必要はありません。Windowsの場合にはインストールが必要です。

- **cURL公式Webサイト**
  URL https://curl.haxx.se/

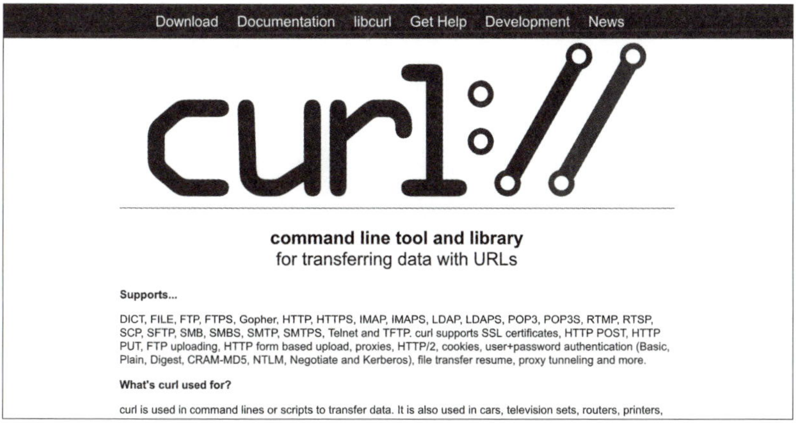

図3.2 cURL公式Webサイト

　使用しているOSがWindows 10の場合は注意が必要です。2018年4月より配布されたWindows 10 ver.1803から、cURLが標準で入るようになりました。しかし、Windows 10標準のコンソールであるPowerShellからcURLを呼び出そうとすると、期待する動作をしてくれません。これは、Windows 10版の「curl」コマンドは、MacやLinuxに搭載されているものとは異なっており、Windows用の独自のプログラムを呼び出しているためです。これを解決するために、PowerShellの「curl」コマンドのエイリアスを切り替えておく必要があります。

　Windows10の「curl」コマンドの問題については、以下のブログ記事が詳しいです。参考にしてください。

- **Windows10の「curl」コマンドの問題についてのブログ記事**
  PowerShellコンソール内でcurlやwgetが実行できないとお嘆きのあなたへ：@jsakamoto
  URL　https://devadjust.exblog.jp/22690878/

　cURLの準備ができたら、コンソールから実行してみましょう。ここではMacのターミナルを立ち上げ、以下のコマンドを入力します。これは、cURLでhttpリクエストを発行して、Yahoo! Japanのトップページを取得するコマンドです。

[ターミナル]

```
$ curl https://www.yahoo.co.jp
```

　図3.3のように、大量のHTMLが画面に表示されます。これが、テキストデー

タで見たYahoo! Japanのトップページです。cURLを使って、ブラウザーと同じように、httpリクエストを送って、トップページのHTMLのソースコードを取ってきたのです。

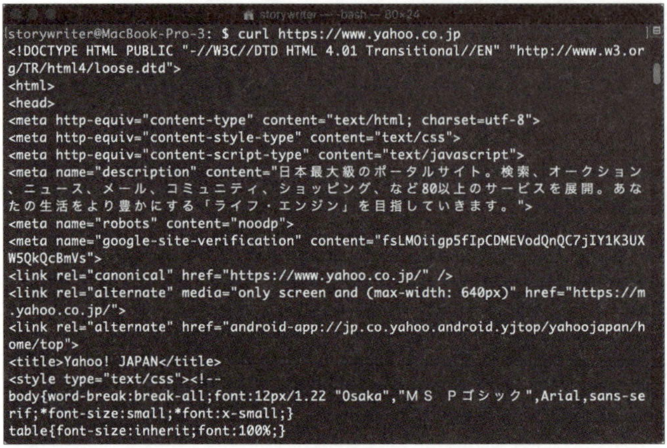

```
storywriter@MacBook-Pro-3: $ curl https://www.yahoo.co.jp
<!DOCTYPE HTML PUBLIC "-//W3C//DTD HTML 4.01 Transitional//EN" "http://www.w3.or
g/TR/html4/loose.dtd">
<html>
<head>
<meta http-equiv="content-type" content="text/html; charset=utf-8">
<meta http-equiv="content-style-type" content="text/css">
<meta http-equiv="content-script-type" content="text/javascript">
<meta name="description" content="日本最大級のポータルサイト。検索、オークション
、ニュース、メール、コミュニティ、ショッピング、など80以上のサービスを展開。あな
たの生活をより豊かにする「ライフ・エンジン」を目指していきます。">
<meta name="robots" content="noodp">
<meta name="google-site-verification" content="fsLMOiigp5fIpCDMEVodQnQC7jIY1K3UX
W5QkQcBmVs">
<link rel="canonical" href="https://www.yahoo.co.jp/" />
<link rel="alternate" media="only screen and (max-width: 640px)" href="https://m
.yahoo.co.jp/">
<link rel="alternate" href="android-app://jp.co.yahoo.android.yjtop/yahoojapan/h
ome/top">
<title>Yahoo! JAPAN</title>
<style type="text/css"><!--
body{word-break:break-all;font:12px/1.22 "Osaka","ＭＳ Ｐゴシック",Arial,sans-se
rif;*font-size:small;*font:x-small;}
table{font-size:inherit;font:100%;}
```

図3.3 「curl https://www.yahoo.co.jp」コマンドの実行結果

## 3.1.2 cURLでWatsonを動かしてみる

cURLを使って、Watsonを動かしてみましょう。音声ファイルをテキスト化するWatson APIである「Speech to Text」を使って、cURLでWatsonを動かす体験をしてみます。

### Speech to Textのサービスを作成する

最初に、IBM CloudにSpeech to Textのサービスを作成します。

まず、IBM Cloudにログインします（図3.4）。以下のURLからログインしてください。

- **IBM Cloudのログイン画面**
  URL https://cloud.ibm.com/

図3.4 IBM Cloudのログイン画面

ログインしたら、画面の上部にある「カタログ」をクリックします（ 図3.5 ）。

図3.5 画面の上部にある「カタログ」をクリック

「カタログ」画面が表示されます。続いて、カタログ画面の左側にあるメニューから「AI」を選びます。これで、画面の右側にIBM Cloudで使えるWatsonサービスの一覧が表示されます（ 図3.6 ❶❷）。

**図3.6** カタログ画面の左側にあるメニューから「AI」を選ぶ

この中から「Speech to Text」を選んでクリックします（ 図3.7 ）。

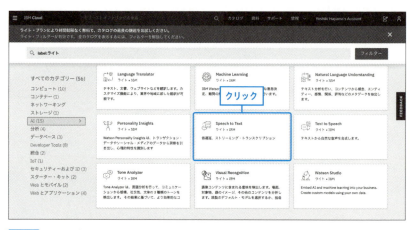

**図3.7** カタログ画面から「Speech to Text」を選ぶ

　Speech to Textサービスを、IBM Cloud上に設置するための画面が表示されます（ 図3.8 ）。

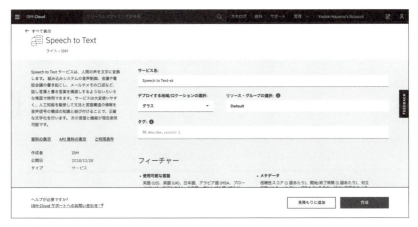

図3.8 Speech to Textサービスの作成画面

必要な項目を入力していきます。「サービス名」は、今回は「Speech to Text-Sample」としましょう。リージョンは「東京」を選びます（ 図3.9 ❶❷）。「リソース・グループの選択」は「Default」のままで問題ありません。画面を下にスクロールすると、価格プランを選択する箇所があります。価格プランは「ライト」を選びます（ 図3.10 ）。

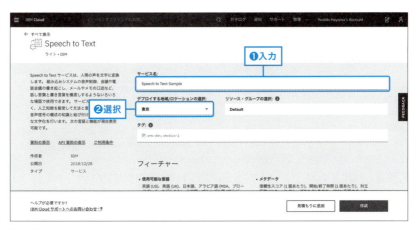

図3.9 Speech to Textのサービスを作成する

**図3.10** 価格プランは「ライト」を選ぶ

　項目を入力し終えたら、画面右下の「作成」をクリックします（ 図3.11 ）。これでSpeech to TextのサービスがIBM Cloud上に設置されます。

**図3.11** 「作成」ボタンをクリックして、Speech to Textの設置を完了する

　しばらく待っているとSpeech to Textの管理画面が表示されます（ 図3.12 ）。

**図3.12** Speech to Textの管理画面

　これでWatsonのSpeech to Textが使えるようになりました。管理画面のトップページに移動しておきましょう。画面左のメニューから、いちばん上にある「管理」をクリックすると、トップページが開きます（**図3.13**）。

**図3.13** 「管理」をクリックする

　続けて、「資格情報」をメモします。「資格情報」とは、先ほどIBM Cloud上に設置したSpeech to Textへアクセスするためのパスワードにあたるものです。Speech to Textの管理画面の中段に「API鍵」という項目と「URL」という項目があります（「API鍵」は「APIキー」とも呼ばれます）。それぞれ、右のほうにあるアイコン（📋）をクリックすると、値がコピーされます（**図3.14 ❶❷**）。手元に

メモしておきます。

**図3.14** Speech to Textの資格情報をコピーして、手元にメモしておく

## ● cURLを使ってSpeech to Textを実行する

それでは、cURLを使って、実際にSpeech to Textに音声ファイルを送信し、テキスト化してみましょう。

まず、Speech to Textに送信する音声ファイルを用意します。今回は、サンプルとして提供されている音声ファイルをダウンロードします。次のURLからダウンロードして、自分の使っているマシンの任意の場所に保存します。筆者はMacのデスクトップに保存しました。

● **サンプル音声ファイルのダウンロード**
URL https://watson-developer-cloud.github.io/doc-tutorial-downloads/speech-to-text/audio-file.flac

いよいよcURLでSpeech to Textを動かします。ターミナルを立ち上げ、次のコマンドを実行します。

**[ターミナル] ── 実行するcURLコマンド**

```
$ curl -X POST -u "apikey:{APIキー}" --header "Content-
Type: audio/flac" --data-binary @{パス}audio-file.flac
"{URL}/v1/recognize"
```

「{APIキー}」「{URL}」は、先ほどメモした「API鍵」と「URL」に書き換えて

ください。「{」と「}」は不要です。

同じように、音声ファイルの「{パス}」も、ファイルを保存した場所を指すようにします。筆者はMacのデスクトップに保存したので、パスは「/Users/(ユーザー名)/Desktop/」となります。

では、実行してみましょう（図3.15）。

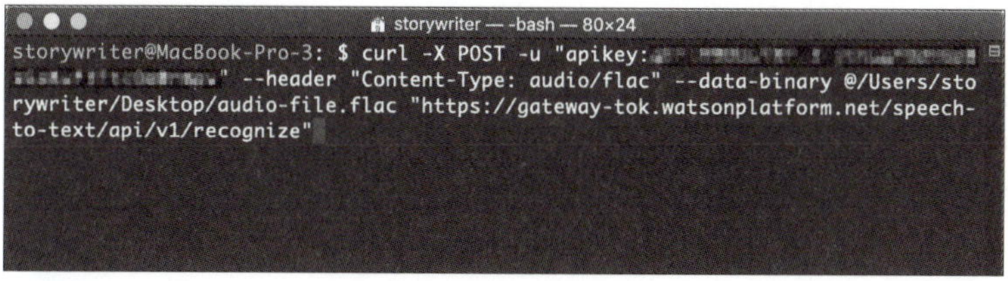

**図3.15** ターミナルでcurlコマンドを実行する

図3.16 のような結果が返ってきます。これは、先ほどの音声ファイルを、WatsonのSpeech to Textでテキスト化したものです。transcriptの部分に、音声をテキストにした結果が入っています。

音声ファイルと聴き比べてみましょう。Watsonによって、音声が見事にテキスト化されているのがわかりました。

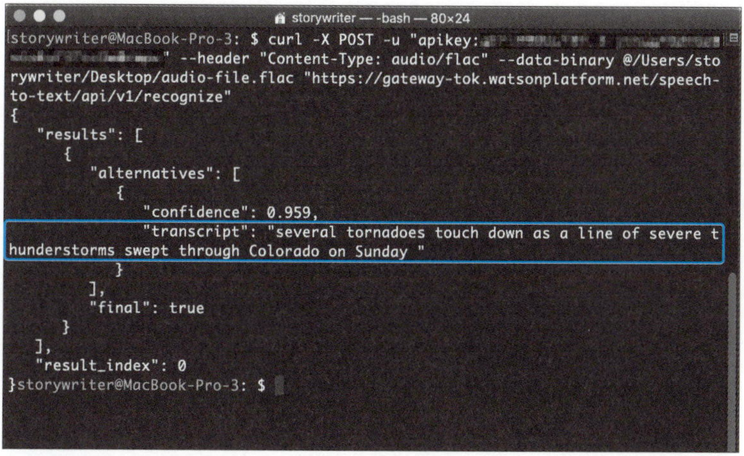

**図3.16** cURLでSpeech to Textを実行した結果

おめでとうございます！ Watsonを使うことができました。単純なコマンドを発行するだけで、Watsonは簡単に動かすことができるのです。

WatsonのAPIリファレンスを見ると、基本的には、すべてcURLのサンプルコードが例示されています。新しいAPIを使うとき、まずcURLを使って動作を確認するのはよくあることです。cURLに慣れるとよいでしょう。

### 3.1.3　WatsonのAPIはRESTで呼び出せる

前項で試したとおり、WatsonのAPIは、どれもURLにパラメーターを付けて呼び出す「REST」という方式で呼び出すことができます。これを覚えておくと、Watsonを使った複雑なシステムを使うときにも、結局はRESTの集合体だということがわかります。

RESTで呼び出すときに重要になるのは、アクセスする「URL」と、その認証情報となる「APIキー」です。これを覚えておきましょう。

### 3.1.4　cURLよりもIBM Cloudの管理画面から操作したほうが使いやすいAPIもある

cURLを使ったターミナルといったコンソールからの操作は、Watsonの基本のひとつです。ただ、いくつかのWatsonサービスは管理画面が充実しているので、cURLを使うよりもIBM Cloudの管理画面から操作したほうが使いやすいこともあります。

たとえば、Watson Assistant（図3.17）やDiscovery（図3.18）、Visual Recognition（図3.19）といったサービスは、管理画面から多くのことができるようになっています。状況に応じて、cURLと管理画面を使い分けるとよいでしょう。

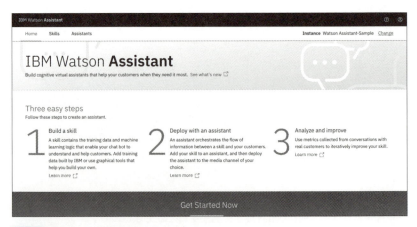

図3.17 Watson Assistant

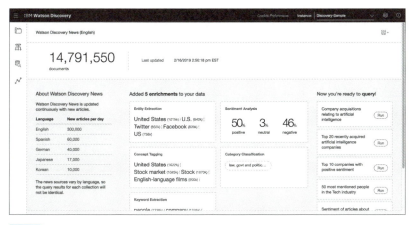

図3.18 Discovery

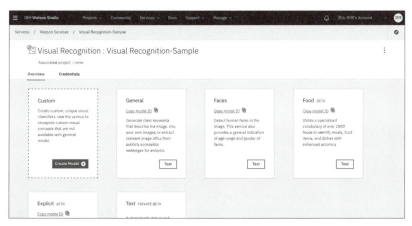

図3.19 Visual Recognition

## 3.1.5　cURLの代わりにPostmanを使う

　cURLの代わりになるツールとして「Postman」があります（図3.20）。cURLと異なり、GUI（Graphical User Interface）の、いわゆる普通のソフトウェアの画面で、APIへの通信をすることができます。特にマルチパート（複数の種類のデータを一度に送信する）のPOST送信を試すときに便利なツールです。

図3.20 Postman
URL https://www.getpostman.com/

# 3.2 IBM Cloudの開発環境を整えよう

IBM Cloudでアプリケーションを開発するには、「IBM Cloud CLI」というツールを使います。ダウンロードして、インストールしておきましょう。

## 3.2.1 IBM Cloudの開発環境を整える（IBM Cloud CLI）

　IBM Cloudで、アプリケーションを具体的に開発するためには、コンソールからの操作が必要になります。「IBM Cloud CLI」というツールを使います（図3.21）。「CLI」とは「Command Line Interface」の略です。

　以下のURLにインストール手順があります。

- **IBM Cloud CLIの概説**
  URL　https://console.bluemix.net/docs/cli/index.html#overview

図3.21 IBM Cloud CLIのダウンロード

　コンソールから操作するためのIBM Cloud CLIツールの導入については、第4章の後半の「4.2.1　サンプルアプリケーションを作る準備をする」で具体的に紹介しています。詳細はそちらを参照してください。

　注意点があります。Cloud CLIツールをインストールしたあとにMacのターミナルなどのコンソールを再起動しないと、ツールが有効になりません。インストールしたら、コンソールを再起動しましょう。

# 3.3 開発者向けの情報源やSDKについて知ろう

Watsonを使った開発を助けてくれる、IBM公式の情報リソースの「IBM Code - Code Patterns」や「SDK」という部品が用意されています。これらの情報を知ることで、開発を効率よく進めることができます。

## 3.3.1 Code Patternsを参考にする

WatsonにはたくさんのAPIがあります。どのAPIを使うと、どんなことができるのかを知るには、IBM Codeのページにある「Code Patterns（コードパターン）」のページを見ると参考になります（図3.22）。

**図3.22** IBM Codeページの「Code Patterns」
URL https://developer.ibm.com/jp/patterns/

Code Patternsでは、具体的なプログラムのサンプルをIBMが公式で公開しています。たくさんのサンプルを日本語で見ることができるので、自分がやりたいことと照らし合わせて、どのAPIを使ってどんなプログラムを書けばいいか、具体的なイメージを持つことができます。

また、参考になるIBM公式の情報源として、次のものがあります。

「IBM Developer」は、記事とサンプルが豊富にあります（図3.23）。

図3.23 IBM Developer

- **IBM Developer**
  URL https://developer.ibm.com/

- **AI Programming - IBM Developer**
  URL https://developer.ibm.com/technologies/artificial-intelligence/

「Build with Watson」には、Watsonで開発するときに参考になる文書が集まっています（図3.24）。

図3.24 Build with Watson
URL https://www.ibm.com/watson/developer/

IBM Cloudの公式ドキュメント集もよく参照されています（図3.25）。IBM Cloud管理画面の上部のメニューからもアクセスできます。特にAPIリファレンスは、開発するときに頻繁に参照することになります。

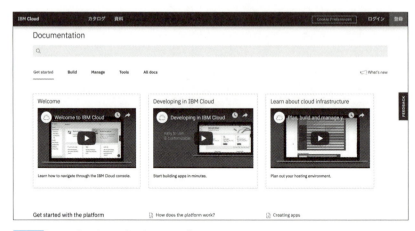

**図3.25** IBM Cloudの公式ドキュメント集
URL　https://console.bluemix.net/docs/

日本語で参照できるリソースとしては、QiitaのIBM Cloud関連記事も、参考になります。

- **QiitaのIBM Cloud関連記事**
  URL　https://qiita.com/tags/bluemix

また、IBM公式Webサイトには、developerWorksという開発者向けのサイトがあります。こちらも、日本語で、多くの記事が載っています。

- **developerWorks**
  URL　https://www.ibm.com/developerworks/jp/

インターネットには、Watsonを用いたプログラムのサンプルが、無償で、多く公開されています。開発者向けの情報をうまく活用しましょう。

## 3.3.2　SDKを知る

WatsonにはSDKというものがあります（図3.26）。SDKとは、「Software Development Kit」の略で、日本語では「ソフトウェア開発キット」と訳します。

その名のとおり、Watsonを使った開発をしやすくするための部品が用意されています。SDKを使うことで、複雑なコードを書くことなく、必要な機能を実装することができます。

WatsonのSDKは、以下のURLで公開されています。

● **IBM Cloud Docs**
　URL　https://console.bluemix.net/docs/services/watson/getting-started-sdks.html#sdk

図3.26 Watson SDKs

IBMが提供しているSDKとして、次のプログラミング言語のものがあります（公式ドキュメントの記載日：2019年1月30日）。

- Android SDK
- Java SDK
- Node.js SDK
- Python SDK
- Salesforce SDK
- Swift SDK
- .NET SDK
- OpenWhisk SDK
- Unity SDK

これ以外にも、コミュニティー（有志）によるSDKとして、次のものが配布されています。

- Go SDK
- PHP SDK
- Ruby ラッパー
- Scala SDK

SDKを活用することで、望む機能をすばやく手軽に実装することができます。

SDKの提供は、IBMが主体であるものの、オープンソースとしてGitHubで公開されています。あなたもぜひコミッターとして積極的なフィードバックなどに参加して、一緒に盛り上げていただければと思います。

本章ではcURLを使ったWatsonの基本的な操作を見てきました。次章からは、具体的にWatsonのサービスを取り上げて、どんなことができるか見ていきます。

## 3.4 まとめ

この章では、次のことを学びました。

- Watsonは、cURLから単純なコマンドを発行するだけで簡単に動かすことができます。
- Watsonの「Speech to Text」をcURLで動かしました。
- cURLよりもIBM Cloudの管理画面から操作したほうが使いやすいAPIもあります。
- IBM Cloudでアプリケーションを開発するには、「IBM Cloud CLI」というツールを使います。
- Watsonを使って開発していくうえで、IBM公式の情報リソースや、開発を助けてくれる「SDK」という部品が用意されています。

次章では、チャットボットを手軽に構築する「Watson Assistant」について紹介します。

## Part 2
## 応用編

第2部は、Watson Assistant、Watson Discovery、Watson Studioを、章ごとにそれぞれ取り上げています。
具体的に手を動かして、Watson開発の入り口を体験できます。また、Watsonを用いたサービスの具体的な実例として、Watsonを組み込んだハタプロ社のロボット「ZUKKU(ズック)」、JAL(日本航空)の事例を紹介しています。

| Chapter 4 | Watson AssistantでWatsonと会話をする |
| Chapter 5 | Watson Discoveryで文書検索をする |
| Chapter 6 | Watson Studioで機械学習を行う |
| Chapter 7 | Watsonをビジネスに活かす(Watson導入企業インタビュー) |

CHAPTER 4

# Watson AssistantでWatsonと会話をする

本章では、Watson Assistantについて解説します。難しいことは後回しでとにかく使って動かしてみましょう。ぜひ、Watsonとの会話を楽しんでください。

# 4.1 Watson Assistantを使って会話ロボットを作ってみよう

Watson Assistantは、たくさんの有名なチャットボットに利用されています。チャットボットとは、話しかけると返事をしてくれるロボットです（ 図4.1 ）。どのような仕組みになっているのでしょうか。実際に作ってみましょう。

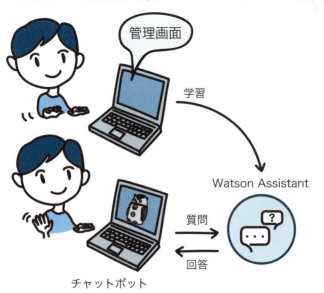

図4.1 チャットボットの動作例

## 4.1.1 Watson Assistantとは

Watson Assistantとはどのようなものでしょうか。ここで簡単に説明しておきましょう。

### ● Watson Assistantは会話のためのサービス

Watson Assistantの旧名は「Watson Conversation」といいます（実は旧名のほうがイメージに合っていたのですが仕方ありません）。そして、会話を組み

立てるためのWatsonサービスが「Watson Assistant」です。

## ● Watson Assistantはとってもやさしい

会話は、「誰が」「何を」「どうする」というような、さまざまな要素から組み立てられています。

Watson Assistantには会話に必要なものを入力する"器"がすでにあります。会話を組み立てるといっても、まず何をすればよいのだろう、などと悩む必要はありません。ちょっと手を動かしてみると、「なるほど！」とすぐにピンとくるような、やさしいつくりになっています。

## 4.1.2　あいさつだけの簡単なチャットボットを作る

それではWatson Assistantのサービスを作ってみましょう。

### ● Watson Assistantのサービスを作る

IBM Cloud（ URL https://cloud.ibm.com/）の管理画面の右上から、「カタログ」を選ぶと、注文できるサービスの一覧が表示されます。左のメニューから「AI」を選びます。一覧の左上にある「Watson Assistant」をクリックします（ 図4.2 ❶❷❸）。

図4.2 「カタログ」画面で「Watson Assistant」をクリック

次の画面では、まずサービス名を付けます。好きな名前を付けてかまいません。ここでは、「ChatBot01」としてみました。

「デプロイする地域/ロケーションの選択」は、「ダラス」（デフォルト）にしました MEMO参照 。「リソース・グループの選択」は、「Default」（デフォルト）のままで問題ありません（ 図4.3 ❶❷❸ ）。「タグ」は空白のままにしておきます。

> **MEMO**
> **デプロイする地域/ロケーションの選択**
>
> 「東京」リージョンは、最近できたので、一部、使えない機能があります。この先でエラーが出たら「ダラス」で作成するとよいでしょう。

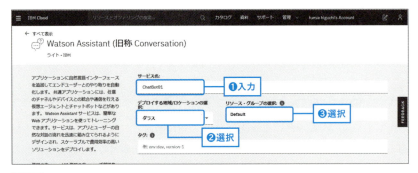

図4.3 サービスの作成

下へスクロールし、価格プランを選びます。はじめから「ライト」になっているはずなので確認します。最後に、右下の「作成」をクリックします（ 図4.4 ❶❷ ）。

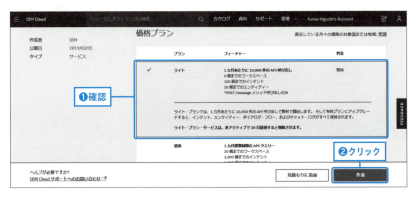

図4.4 価格プランの選択

サービスが作成されました。「ツールの起動」をクリックします（ 図4.5 ）。

**図4.5** ツールの起動

**図4.6** が Watson Assistant のサービス画面です。英語ですが、読むと Watson Assistant がどんなものかがわかります。参考までに、説明文の訳を載せておきます。

> 3ステップで簡単に。
> Assistantを作るには、以下のステップに従ってください。
>
> 1.「スキル」を作る。
> 「スキル」には、チャットボットが利用者を理解して手助けできるようになるためのトレーニングデータと機械学習のロジックが含まれています。
>
> 2.「アシスタント」を作る。
> 「アシスタント」は、スキルと利用者の間の情報の流れを整えます。スキルをアシスタントに追加してから、任意のメディアチャネルにアシスタントをデプロイします。
>
> 3. 分析して改善する。
> 実際の利用者との会話で集まったログをもとにして、スキルを繰り返し改善します。

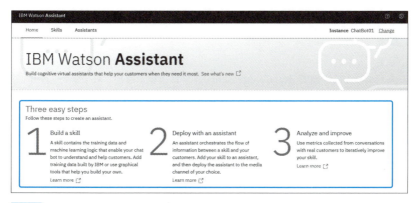

**図4.6** Watson Assistant のサービス画面

Watson Assistantを使えばいろいろなことができるのですが、本書では簡単なあいさつのできるチャットボットを作るところまでを解説します。

「それだけ？」と思うかもしれませんが、それだけでもできるようになればあとは手を動かしながら「なんとなく」で作りたい会話がどんどん作れるようになります。

Watson Assistantは、やさしいのです。

### ● スキルを作る

スキル (Skill) とは、チャットボットの環境のことです。1つのテーマのチャットボットに対して1つのスキルが必要、と考えてください。

上部のメニューから「Skills」を選択し、「Create new」をクリックします（ 図4.7 ❶❷）。

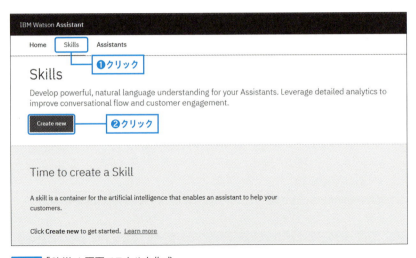

図4.7 「Skills」画面でスキルを作成

スキルの作成画面では（「Create skill」タブは自動で選択されます）、「Name」を「AisatsuChatbot」にしました。日本語でも大丈夫です。「Description」はメモです。「あいさつしてくれるチャットボットです。」にしました。「Language」は「Japanese」を指定します。入力が終わったら、「Create」をクリックします（ 図4.8 ❶～❹）。

これで「AisatsuChatBot」というスキルができました（ 図4.8 ❺）。

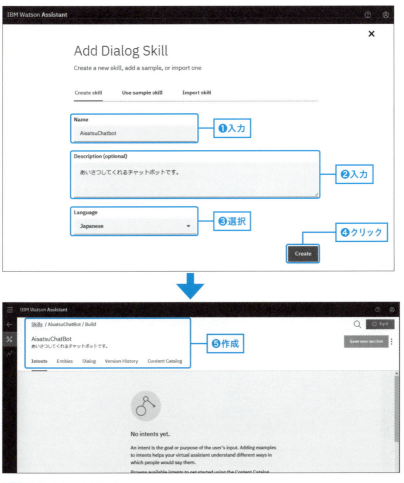

図4.8 作成時の入力画面

### 📝 MEMO

#### 操作について

慣れるまでは違和感があるかもしれませんが、Watson Assistant内の多く、特にDialogのノードの操作において、前に進む操作（新しく何かを作成したり、入力したり）には、「適用」や「OK」などの確認画面が出ません。画面を抜けたい場合、「×」や「←」をクリックしてください。後に進む操作（削除など）には、確認画面が出ます。

### ● あいさつを覚えさせる

ではチャットボットの"脳"を作っていきましょう MEMO参照 。ここからの作業は、だんだん楽しくなってくると思います。

> **MEMO**
>
> **Watson Assistantで作るチャットボットについて**
>
> 本書を読むより先にインターネットで情報を仕入れている方は少し不安になるかもしれません。インターネット上にWatson Assistantの解説記事は多くありますが、そのほとんどはインテント（Intent）から作り始めます。本書では、あえて難易度の低いエンティティー（Entity）から作っています。インテントについては本節の後半に触れます。

上部のメニューから「Entities」タブを選択します。「My entities」が選ばれているので、右下の「Add entity」をクリックします（図4.9 ❶❷）。

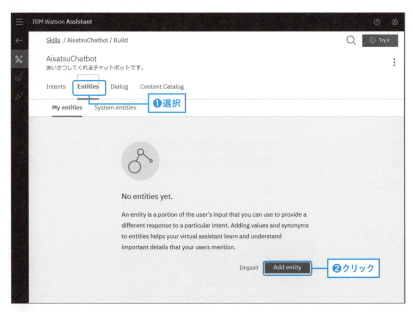

**図4.9**「Entities」タブに移動

最初にあいさつを覚えてほしいので、「Entity name」の「@」の後に「あいさつ」と入力し、「Create entity」をクリックします（図4.10 ❶❷）。チャットボッ

トに覚えさせる言葉のことを「エンティティー」と呼びます。「Fuzzy Matching」は「On」（デフォルト）のまま進めてください。

> **MEMO**
>
> **ファジーマッチング（Fuzzy Matching）**
>
> エンティティーには、ファジーマッチング（あいまい一致）という機能があり、数文字の違いであれば反応します。初期値はオンになっています。

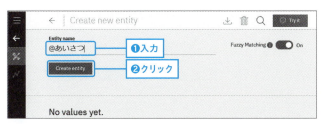

図4.10 エンティティーの作成

「Value name」に好きなあいさつを入力します。「Synonyms」には、同義のほかの言葉を入力します。

追加できたら、「Add value」をクリックします（図4.11 ❶❷❸）。

図4.11 「Value name」に「こんにちは」と入れ、「Synonyms」には「コンニチハ」や「hello」など同じ意味の別の表現を入れた

エンティティーの値（Entity values）が1つ追加されました。もうひとつ、同じように「元気かな」を追加してみました（図4.12）。

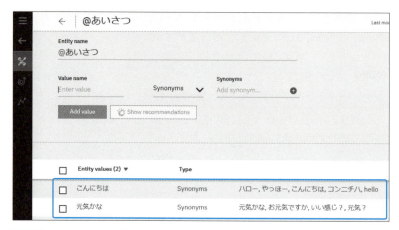

**図4.12** エンティティーの値を追加

ほかにも、いろいろと入れていくと面白いでしょう（ 図4.13 ）。

**図4.13** さらにエンティティーの値を追加

> ⚠ **ATTENTION**
>
> ### 記号の使用に注意
>
> エンティティーの名前（Entity name）や値（Entity values）に、「！」や「・」などの記号を使うとこの先の手順でエラーになります。英数や日本語のみにしておいてください。シノニム（Synonyms）には記号を入れても大丈夫です。

　これでWatson Assistantは「こんにちは」のバリエーションを覚えました。次は、「こんにちは」と言われたらどう答えればいいのかを覚えさせます。

　「@あいさつ」の左にある左矢印で前の画面に戻ります。

## ● チャットボットの話す言葉を覚えさせる

これまでの操作で、話しかけられる言葉を覚えさせることができました。次は、チャットボット自身が話す言葉を覚えさせていきます。

図4.14 の画面に戻ったら、上部のメニューから「Dialog」タブをクリックしてください。

図4.14 上部のメニューから「Dialog」をクリック

「Dialog」タブで右下の「Create」をクリックします（図4.15）。

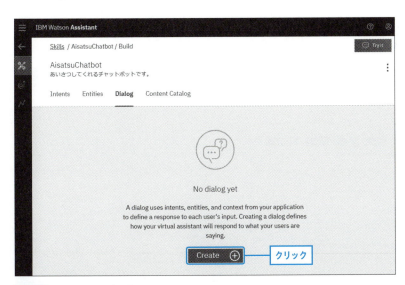

図4.15 「Dialog」タブで「Create」をクリック

あっという間に2つの四角ができました。この四角のことを「ノード」と呼ぶので覚えておいてください。次に、「ようこそ」というノードをクリックします（図4.16）。

図4.16 ノードの作成

右側に画面が表示されます（図4.17）。この画面では、ノードの内容を設定していきます。初めから「いらっしゃいませ。ご用件を入力してください。」と入っています。このチャットボットは、起動するとまずこのようにあいさつします。では、このあいさつを編集してみましょう。

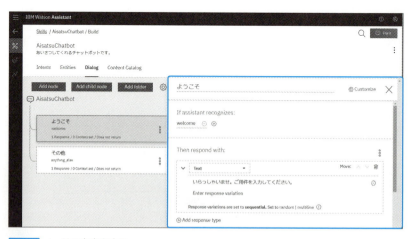

図4.17 ノードの内容を表示

編集方法は簡単です。文字が入っているところをクリックするとそのまま編集できます。Watson AssistantのDialogには、「適用」や「OK」はありません。入力した言葉は即反映するので、場合によっては注意が必要です。ここでは、「はじめまして！ご質問をどうぞ！」に変えてみました（図4.18）。

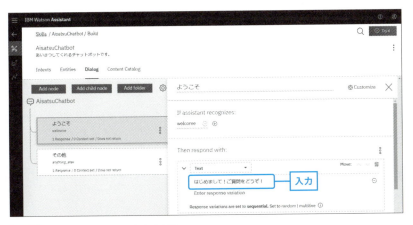

図4.18　「ようこそ」ノードの内容を編集

　ノードの内容の設定ができたら、右上の×印をクリックします。次に、「こんにちは」ノードの返答を設定します。「ようこそ」ノードの右の「」をクリックするとメニューが表示されるので、「Add node below」（ノードの下に追加）をクリックします（図4.19）。

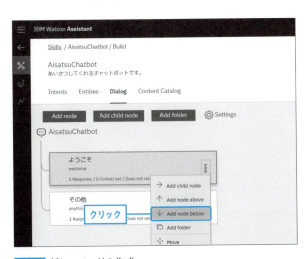

図4.19　新しいノードの作成

これで新たなノードが作成され、右にノードの内容を設定する画面が出てきます。「Name this node」には好きな名前を入れます（図4.20）。先ほど作成したエンティティ名と同じ「あいさつ」と入力しました。

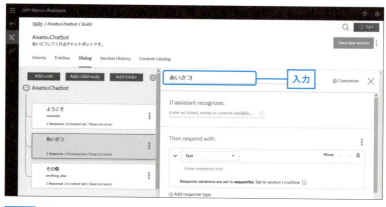

図4.20 返答の設定

　「If assistant recognizes」（もしAssistantが判定したら）の下の入力フィールドをクリックするとメニューが出てきます。先ほど設定したエンティティー「@あいさつ」を使いたいので、「@ [Enter a search to filter by entity name]」（エンティティー名から検索）をクリックします（図4.21 ❶❷）。

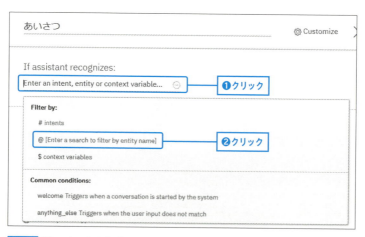

図4.21 「あいさつ」の作成

「@あいさつ」が表示されるので、選択します（ 図4.22 ）。

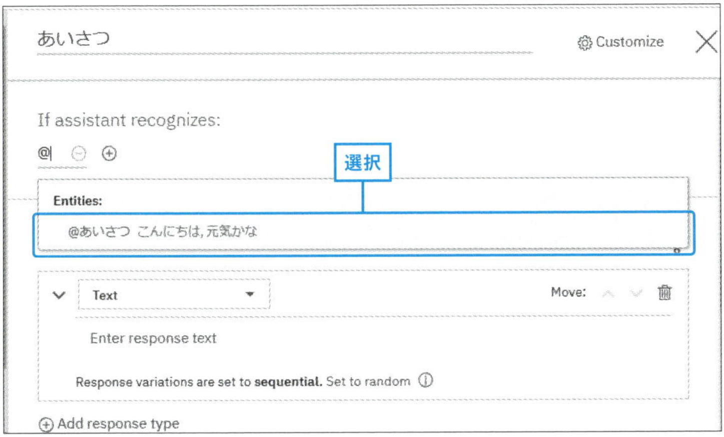

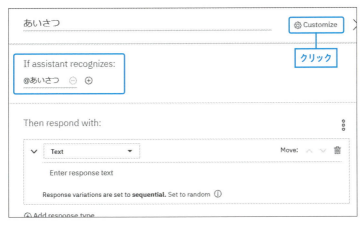

図4.22 「@あいさつ」の選択

「If assistant recognizes」が「@あいさつ」の状態になったら、右上の歯車マークの付いた「Customize」をクリックします（ 図4.23 ）。

図4.23 「あいさつ」のカスタマイズ

「Multiple responses」をオンにしてから、「Apply」をクリックしてください（ 図4.24 ❶❷ ）。「Multiple responses」は、チャットボットが、1つの会話に対してさまざまな受け答えをできるようにするものです。

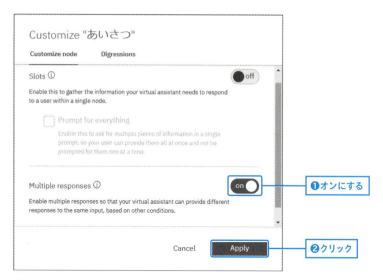

図4.24 「Multiple responses」をオンにする

「Then Respond with」(〜と答える)の下が変わったのがわかりますか？ここに「あいさつ」の返答を入力していきます(図4.25)。

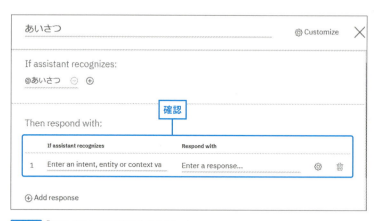

図4.25 「あいさつ」の返答を入力していく

1.の右側の「Enter an intent, entity or context variable...」(インテント、エンティティー、コンテキスト変数を入力してください)をクリックすると、図4.26のようなメニューが表示されます。「@[Enter a search to filter by entity name]」(エンティティー名から検索)をクリックします(図4.26❶❷)。

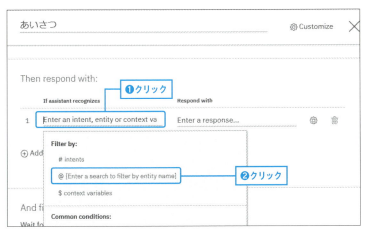

図4.26 返答する条件を入力

「@あいさつ」を選びます（図4.27）。

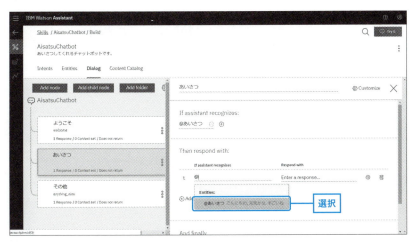

図4.27 「@あいさつ」の選択

「：is」（〜が〜なら）を選びます（図4.28）。

**図4.28**「：is」の選択

「こんにちは」を選びます（**図4.29**）。

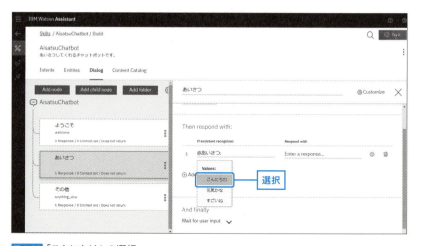

**図4.29**「こんにちは」の選択

「Respond with」（～と答える）を設定します（**図4.30**）。あいさつを元気よく返したいので、「こんにちはー！」と入力しました。これで、「こんにちは」と言われたら、「こんにちはー！」と返す設定ができました。

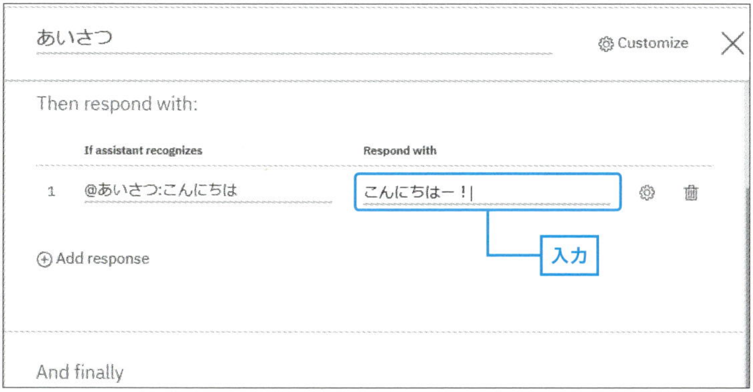

図4.30 設定完了

　左下の「+ Add response」（返答を追加）をクリックし、同じように、「元気かな」に「とても元気です！」と返すように設定します（図4.31 ❶❷）。

図4.31 「元気かな」も同様に設定

　これで「あいさつ」の設定ができました。思っていたより簡単に設定できたのではないでしょうか。
　では、いよいよチャットボットに話しかけてみましょう。

## ● チャットボットのテストをする

　Watson Assistantには、覚えさせた会話がきちんとできるかを簡単にチェックする機能があります。実際に話しかけて、会話ができるか確認します。
　右上の「Try it」（試してみよう）をクリックします（図4.32）。

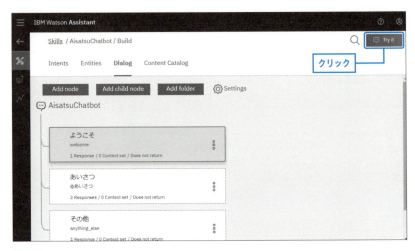

図4.32 「Try it」ボタンで会話を実行

「あいさつ」ノードに設定した言葉で話しかけてくれます。下の入力欄にあいさつを入力し、話しかけてみましょう（図4.33）。

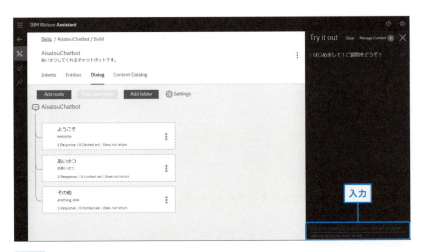

図4.33 話しかけてみる

「こんにちは」と入力し、[Enter]キーを押して話しかけたところ、「こんにちはー！」と返してくれました（図4.34）。

図4.34 会話のテスト

さらに、エンティティーに設定した言葉をいろいろ話しかけてみてください。会話をやり直したいときは、「Clear」で最初のあいさつからやり直せます（図4.35）。

図4.35 会話のやり直し

教えていない言葉には、Dialogの「その他」ノードに設定されている言葉で返答されます。

覚えてほしい言葉は、再度エンティティーを見直し、覚えさせてください。

## ● エンティティーについてのまとめ

いろいろ質問してみるとわかるとおり、エンティティーを使ったチャットボットは、覚えさせた言葉そのものに反応し返答します（図4.36）。しかし、覚えさせていない言葉には反応しません。ルールどおりの動きしかしないので、「AIっぽくないなあ」と思われるかもしれません。

次項では、覚えさせていない言葉で聞いても答えてくれる機能を紹介します。

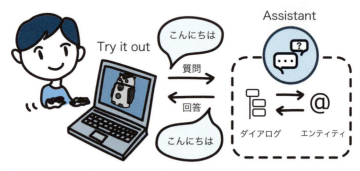

図4.36 エンティティーを使ったチャットボット

## 4.1.3 質問の意味を考えるチャットボットを作る

ルールどおりに答えてくれる簡単なチャットボットができました。次に、質問の意味を考えて答えてくれるチャットボットを作りましょう。

### ● 質問を覚えさせる

スキルの「インテント」という機能を使います。インテント（Intent）は、「利用者が入力した文が、つまりは何を意図しているか」を表します。たとえば「バイバイ」と「元気でね」という文があったとして、この2つはどちらも「さよなら」という意図を示していると理解できます。この「さよなら」がインテントにあたります。

インテントを作成するには、「Intents」タブで「Add intent」（インテントの追加）をクリックします（図4.37）。

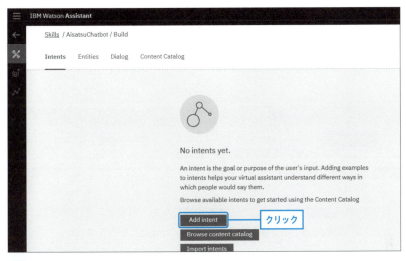

**図4.37** 「Intents」タブで「Add intent」をクリック

「Intent name」の「#」の後に、インテント名として「予約する」を入れてみましょう。入れ終えたら、「Create intent」(インテントの作成) をクリックします (**図4.38** ❶❷)。

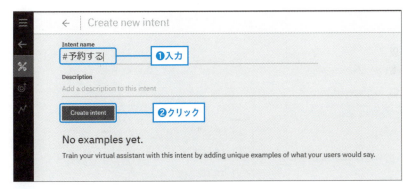

**図4.38** インテントの作成

すると、「Add user examples」(例を追加する) という欄が表示されます。ここに、「予約する」の類義語や考えられる打ち間違いなどを入れ、「Add example」(例の追加) をクリックします (**図4.39** ❶❷)。これはとにかくたくさん入れます。目安としては、1つのインテントに10以上です。

図4.39 例の追加

たとえば、図4.40のように、ひらがなや類義語を入れます。ここでは2つのインテント、「予約する」と「購入する」の例（example）を作りました。

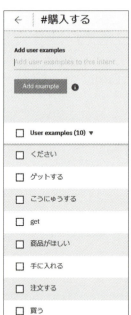

図4.40 左「予約する」、右「購入する」にそれぞれ追加した例

● 返答を作る

エンティティーのときと同じように、Dialogで返答のノードを作ります MEMO参照 。

エンティティーのときと同じようにノードを作成していきます。ここでは、「購入する」と「予約する」の2つのノードを作りました。

「購入する」ノードでは、「Name This Node」に「購入する」と入力、「If Assistant Recognizes:」では「# intents」を選択して「#購入する」と入力、「Then respond with:」は「Text」を選択して「購入ページはこちらです！<br><a href="http://XXXX.com" target="_blank">購入ページ</a>」と入力しました。

「予約する」ノードでは、「Name This Node」に「予約する」と入力、「If assistant recognizes:」は「# intents」を選択して「#予約する」と入力、「Then respond with:」は「Text」を選択して「予約しました。」とと入力しました。

図4.41 ❶〜❺では「購入する」のノードの作成手順を示しています MEMO参照 。
図4.41 ❻〜❾では「予約する」のノードの作成手順を示しています。

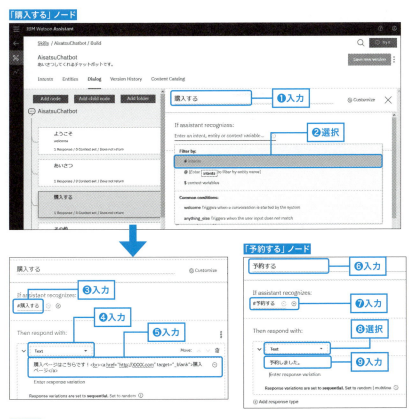

図4.41 「購入する」のノードを作成と「予約する」ノードの作成

**MEMO**

### 返答のノード

返答にはHTMLが使えます。たとえば、

```
<a href="https://cloud.ibm.com/">IBM Cloud</a>
```

のようにa要素を用いてリンクを含めたり、img要素を用いて画像を含めたりすることができます。

 **MEMO**

### ノードの順番

ノードの順番は重要です。「If assistant recognizes」（もしAssistantが判定したら）に設定した条件に当てはまるかどうかは、上のノードから順に見ていきます。もっとノードの多いものを作ったとき、何かおかしいなと思ったらノードの順番を気にしてみてください。

最終的なノードの構造は図4.42のようになります。

図4.42 最終的なノードの構造

## ● 覚えさせていない言葉で質問してみる

では、「Try it」（試してみよう）で、登録していないけれども同じ意味の文章で質問してみましょう。

「お買い物したい」「取っておいてほしい」はどちらも登録していませんが、きちんと「購入する」「予約する」の意味だとわかってくれています（図4.43）。

## ● インテントについてのまとめ

エンティティーがルールどおりの動きをする機能であるのに対して、インテントは、意味を考えた動きをしてくれる機能です。少しだけ、「AIっぽいなあ」と思えてきたでしょうか。

図4.43 実行例

### 4.1.4　Watson Assistantはいかがでしたか？

検索エンジンで「Watsonでチャットボットを作る」を検索すると、まずWatson Assistantの情報にたどりつくでしょう。しかし、機能の名前や使い方が少し独特なので、慣れるまでには時間がかかるかもしれません。

習得への近道は、まず本やインターネット上の「Watson Assistant」、「Conversation（Watson Assistantの旧名）」関連の情報を参考に少し手を動かしてみることです。そして壁にぶつかったときに、Watson Assistantのサポートドキュメントを読み込むことです。

筆者も、はじめは固い感じのするサポートドキュメントが苦手でした。しかし、「なぜできないんだろう」と疑問を持った機能のドキュメントを読み込んでゆくと、こまかな仕様を自分の知識としてたくわえ、技術として使うことができるようになりました。

- **IBM Cloud 資料｜Watson Assistant｜概説チュートリアル**
  URL　https://console.bluemix.net/docs/services/assistant/getting-started.html#gettingstarted

ぜひ、いろいろと工夫してみてください。

## 4.2 Watson Assistantでアプリケーションを作ってみよう

前節までは、Watson Assistantの基本操作について説明しました。ここからは、Watson Assistantを使って実際にサンプルアプリケーションを作ってみましょう。

### 4.2.1 サンプルアプリケーションを作る準備をする

サンプルアプリケーションを作るには、使っているマシンの開発環境にIBM Cloud CLI（開発用ツール）をインストールする必要があります。このツールは、コマンド（命令）を入力することで、IBM Cloudを操作します。

IBM Cloud CLIのインストール方法については、次のWebページを参考にしてください（図4.44）。

● **IBM Cloud CLIの概説**
　URL　https://console.bluemix.net/docs/cli/index.html#overview

図4.44　IBM Cloud CLIのインストール方法

## ● インストール方法：MacおよびLinuxの場合

　Macの場合、ターミナルを立ち上げ、次のコマンドを実行します（前提として、3章で紹介したcURLがインストールされている必要があります）。

**[ターミナル]**
```
$ curl -sL https://ibm.biz/idt-installer | bash
```

　Macの管理者パスワードを求められた場合は、入力して進めます。

## ● インストール方法：Windowsの場合

　Windows PowerShellを、「**管理者として実行**」して立ち上げます。「管理者として実行」するためには、Windows PowerShellアイコンを右クリックして、「管理者として実行」を選びます。なお、Windows 10の場合、スタートメニューを右クリックして「Windows PowerShell（管理者）（A）」を選んでも、実行することができます。

　立ち上げたら、次のコマンドを実行します。

**[Windows PowerShell端末コンソール]**
```
> Set-ExecutionPolicy Unrestricted; iex(New-Object Net.➡
WebClient).DownloadString('http://ibm.biz/idt-win-insta➡
ller')
```

　IBM Cloud CLIにはさまざまなものが同梱されているため、インストールには少し時間がかかる場合があります。しばらく待つとインストールが完了します。ではさっそく、サンプルアプリケーションを作っていきましょう。

　なおWindowsの場合、インストールの途中で「実行ポリシーの変更」という警告が出ることがあります。その場合は「[Y] はい(Y)」を選択して作業を進めます。

　インストール後には、PCの再起動が必要です。

# COLUMN

## Windows環境で機能が制限される?

IBM Cloud CLIの公式サイトに「Windows を実行している場合、一部の機能は、Windows 10 Pro を実行していないとサポートされません」という記載があります。そのとおりで、Windows Homeにインストールしたところ、インストール途中に、エラー表示がいくつか出ました（図4.45、図4.46）。筆者が確認したところ、エラーが出ても、本章で紹介する手順に必要な機能はインストールされていました。

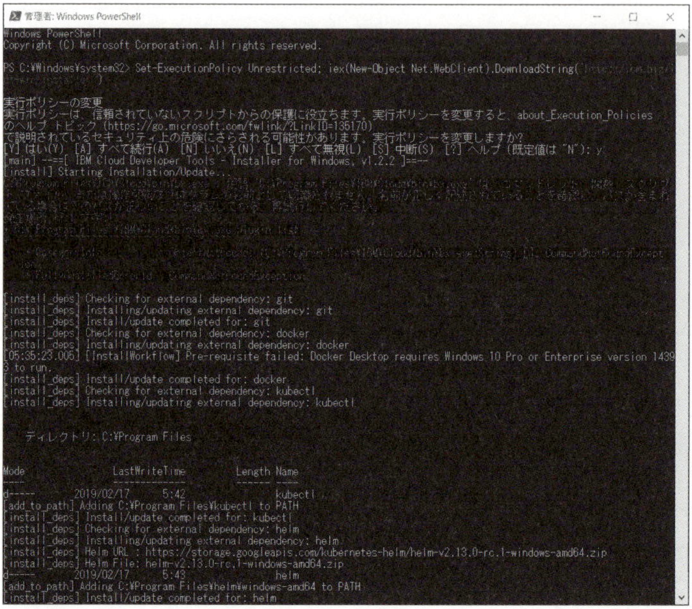

図4.45 インストール中のエラー例

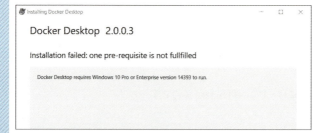

図4.46 インストール中のエラー例

## 4.2.2 サンプルアプリケーションをダウンロードする

この項ではWatson Assistantを使った**チャットボット**を作成していきます。チャットボットとは、ユーザーが入力した文字列をWatson Assistantに問い合わせて、適切な反応をユーザーに返すアプリケーションです（図4.47）。

図4.47 チャットボットの構成図

> **MEMO**
>
> ### JSON
>
> JSONとは、JavaScript Object Notation の略です。JavaScriptのオブジェクトの書き方でデータを記述したものです。記述が容易で、人間にとって理解しやすいという特徴があります。

まずは、サンプルアプリケーションをダウンロードしましょう。Macならターミナルを、WindowsならPowerShellを立ち上げます。どちらもCLIの画面となっています（図4.48）。

図4.48 MacのターミナルCLI)の画面

　サンプルアプリケーションを保存するためのフォルダを作成します。適当な場所に任意の名前でフォルダを作成してください。筆者の開発環境はMacなので、ホームディレクトリに「projects」という名前のフォルダを作成しました（Macの場合、ターミナルを立ち上げた直後は、ホームディレクトリになっています）。フォルダを作成するにはmkdirコマンドを使います。

[ターミナル]
```
$ mkdir projects
```

　続いて、作成したフォルダに移動します。フォルダを移動するにはcdコマンドを使います。

[ターミナル]
```
$ cd projects/
```

　今作成したフォルダに、サンプルアプリケーションをダウンロードしましょう。サンプルアプリケーションのソースコードは、GitHub MEMO参照 の次のURLにあります。ブラウザーを立ち上げ、開いてみましょう（図4.49）。このとき、GitHubの右上の「Clone or download」ボタンをクリックして、「Download ZIP」をクリックすると、ダウンロードのURLを確認できます。

- GitHub - watson-developer-cloud/assistant-simple
    URL https://github.com/watson-developer-cloud/assistant-simple

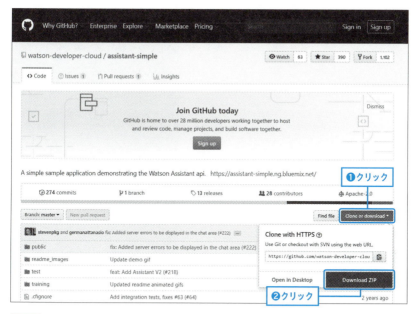

**図4.49** チャットボットのサンプルソースコード

> **MEMO**
>
> ### GitHub
>
> GitHubは、ソフトウェア開発のプラットフォームで、ソースコードを保管することができるサービスです。多数のオープンソースソフトウェアが、そのソースコードをGitHubで公開しており、誰でもコピーして再利用することができます。WatsonのサンプルコードやSDKも、GitHubで公開されています。
> GitHubからソースコードをダウンロードするには、「Git」というツールを用います。IBM Cloud CLIをインストールすると、Gitも一緒にインストールされるようになっています。

サンプルアプリケーションの動作サンプルは、次のURLで確認できます（図4.50）。

- **Watson Assistant Chat App**
  URL　https://assistant-simple.ng.bluemix.net/

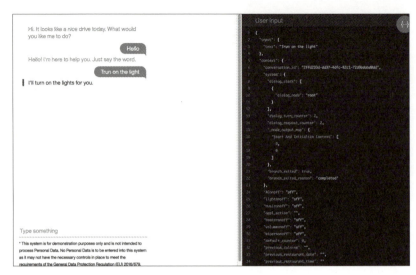

**図4.50** チャットボットの動作サンプル

　GitHubを確認したら、git cloneコマンドでダウンロードURLを指定して実行します。CLIで次のように入力するとダウンロードがはじまります。projectsフォルダにいることを確認してから実行しましょう。

**［ターミナル］**
```
$ git clone https://github.com/watson-developer-cloud/➡
assistant-simple.git
```

　ダウンロードが終わったら、assistant-simpleフォルダができています。cdコマンドで該当のフォルダに移動します。

**［ターミナル］**
```
$ cd assistant-simple
```

## 4.2.3 サンプルアプリケーションの設定ファイルを書き換える

使用中のマシンにダウンロードしたサンプルアプリケーションを、IBM Cloudに置くには、サンプルアプリケーションの設定ファイルを編集する必要があります。

まず、次のコマンドを実行して、アプリケーションをダウンロードしたフォルダの中にある.env.exampleファイルを.envという名前でコピーします。cpコマンドは、ファイルをコピーするコマンドです。

**[ターミナル]**

```
$ cp .env.example .env
```

コピー先に指定した.envファイルは、サンプルアプリケーションが参照するWatson Assistantの設定を記入しておくファイルです。.envファイルは一般的なテキストエディター（Windowsならメモ帳、Macならテキストエディットやviエディターなど）で開くことができます。図4.51では、viエディターで開いています。

> **MEMO**
>
> **envファイル**
>
> Macの場合、「.env」は不可視ファイル、つまり通常の設定では表示されないファイルです。表示するには、Finderで該当のフォルダを開き、[command] + [shift] + [.] キーを押します。

図4.51 .envファイルの中身

.envファイルの内容で、サンプルアプリケーションを動作させるには、ASSISTANT_ID、ASSISTANT_IAM_APIKEY、ASSISTANT_URLの3つの値を入力する必要があります。これらの値は、IBM Cloudの管理画面で調べることができます。次項から詳しく説明します。

## ● ASSISTANT_IAM_APIKEYとASSISTANT_URLの記入

　では、IBM Cloudにログインして調べてみましょう。IBM Cloudにログインしたら、前節で作成したWatson Assistantを開きます。IBM Cloudのログイン後のダッシュボード画面の「リソースの要約」から「サービス」をクリックすると、前節で作成した「ChatBot01」が表示されるので、クリックします。Watson Assistantのトップページ中段の「資格情報」に「API鍵」と「URL」という項目があります（図4.52）。

図4.52 Watson Assistantで「資格情報」を確認する

　右のほうにある「クリップボードにコピー」ボタン（ ）をクリックすると、クリップボードに値がコピーされます（図4.53）。前者の「API鍵」をコピーし、.envファイルのASSISTANT_IAM_APIKEYに記入します（図4.54）。同じようにして、「URL」もASSISTANT_URLに記入します。URLを記入する欄がASSISTANT_IAM_URLではなくASSISTANT_URLである点に注意してください。

**図4.53** 資格情報から「API 鍵」と「URL」をコピーする

**図4.54** .envファイルに「API 鍵」と「URL」を記入する

## ● ASSISTANT_IDの記入

続けて、**ASSISTANT_ID**を確認します。Watson Assistantの最初の画面に戻り、「ツールの起動」をクリックします（**図4.55**）。

**図4.55** Watson Assistantの「管理」画面の「ツールの起動」をクリックする

Watson Assistantの管理ツールの画面が開きます（図4.56）。続けて、Assistantの管理ツールの左上のメニューにある「Skills」をクリックして、「Skills」タブを開きます（図4.57）。

図4.56 Watson Assistantの管理ツール

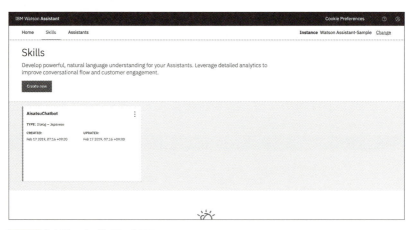

図4.57 「Skills」タブを開いた画面

　サンプルアプリケーションで使うスキルを作成します。「Create new」をクリックします（図4.58）。

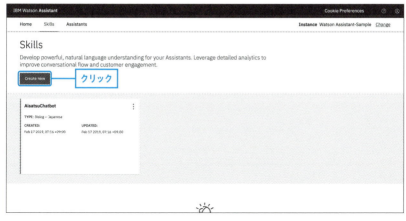

**図4.58** 「Create new」をクリックする

「Add Dialog Skill」という画面が表示されたら、「Use sample skill」タブをクリックします（**図4.59**）。

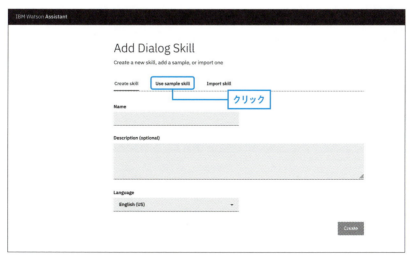

**図4.59** 「Add Dialog Skill」画面で「Use sample skill」タブをクリックする

サンプルが表示されるので、「Customer Care Sample Skill」をクリックします（図4.60）。

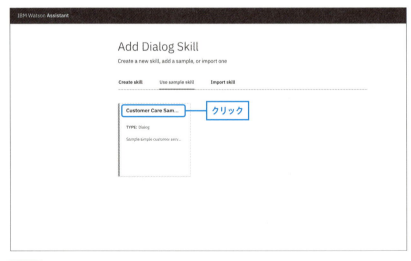

図4.60 サンプルから「Customer Care Sample Skill」をクリックする

「Customer Care Sample Skill」スキルが設置されました。スキルのトップページに自動的に移動するので、画面左上の「Back to skills」ボタン（図4.61）をクリックして、Skillsのトップページに戻ります。

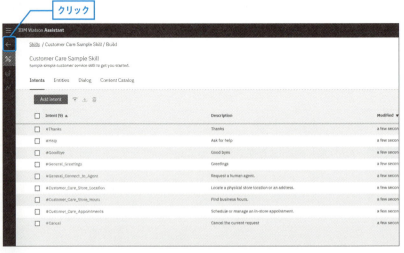

図4.61 「Customer Care Sample Skill」からSkillsのトップページに戻る

続けて、今設置した「Customer Care Sample Skill」スキルを、公開できる状態にします。スキルを「Assistants」に割り当てます。Assistantsは、スキルを公開するための交通整理役です。名前がWatson Assistantサービスと同じなので混乱しそうになりますが、Watson Assistantサービスの中にAssistantsがある、という親子関係になります。

画面上部の「Assistants」タブをクリックします（図4.62）。

図4.62 「Assistants」タブをクリックする

画面中段の「Create new」をクリックします（図4.63）。

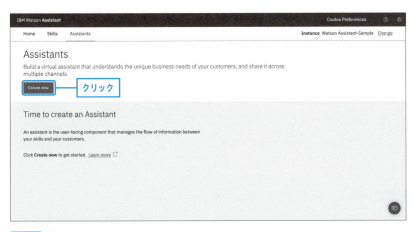

図4.63 「Create new」をクリックする

これでAssistantsを作成する画面になります。「Name」(名前)欄に「Customer Care Sample」と入力し、右下の「Create」をクリックします (図4.64 ❶❷)。

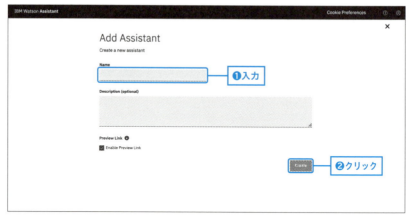

図4.64 「Add Assistant」画面で名前を入力し「Create」をクリックする

　作成したAssistantsの画面になります。画面中央の「Add Dialog Skill」をクリックします (図4.65)。

図4.65 「Add Dialog Skill」をクリックする

Assistantsにスキルを紐付ける画面になります。画面中央の「Customer Care Sample Skill」を選択します（図4.66）。

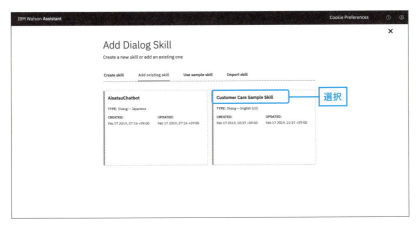

図4.66 「Add Dialog Skill」画面でスキルを紐付ける

画面が切り替わって、スキルが紐付けられたことを確認できます。
画面右上にある「View API Details」をクリックします（図4.67）。

図4.67 「View API Details」をクリックする

Assistantの詳細情報が表示されます（図4.68）。「Assistant ID」という項目が表示されているので、この値を.envファイルのAssistant IDに記入します（図4.69）。

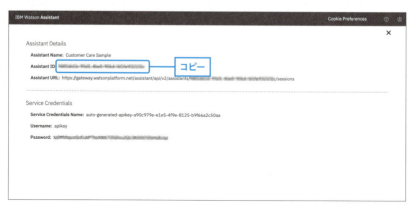

図4.68 Assistant IDをコピーする

図4.69 .envファイルのASSISTANT_IDに記入する

　これで.envファイルの記入は完了です。ファイルを保存して終了します。

## ● manifest.ymlの記入

　.envファイルのほかにmanifest.ymlファイルも編集する必要があります。manifest.ymlはIBM Cloudの基本設定を記入しておくファイルです。このファイルは、.envファイルと同じフォルダに保存されています。manifest.ymlファイルをテキストエディターで開いてみると、図4.70のようになっています。

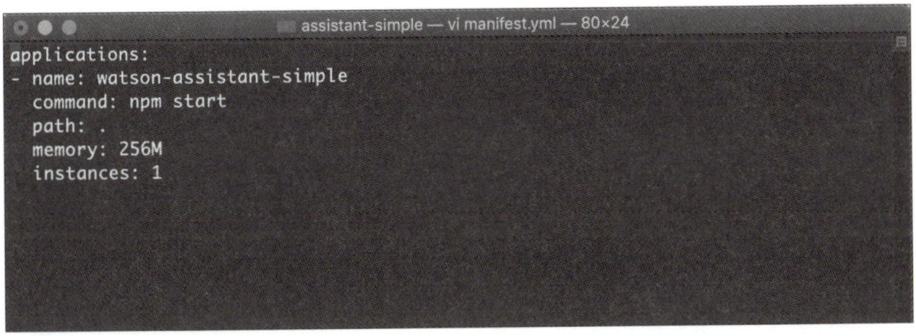

```
applications:
- name: watson-assistant-simple
  command: npm start
  path: .
  memory: 256M
  instances: 1
```

**図4.70** manifest.yml

このファイルで編集が必要なのは次の部分です。

`- name: watson-assistant-simple`

「watson-assistant-simple」の部分を任意の名前に変更します。nameという項目は、そのままサンプルアプリケーションのURLになります。そのため、世の中で一意となる文字列である必要があります。具体的には、次のようになります。

`https://(nameで指定した文字列).mybluemix.net`

筆者は図4.71のように書き換えました。「20181201」のところは、あなた自身で、世の中で一意になる文字列に差し替えてください。

`- name: watson-assistant-simple-{世の中で一意になる文字列}`

```
applications:
- name: watson-assistant-simple-20181201   ← 修正
  command: npm start
  path: .
  memory: 256M
  instances: 1
```

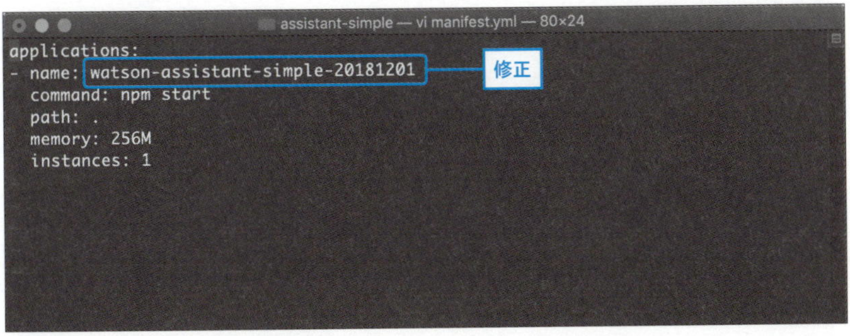

**図4.71** manifest.ymlを変更する

変更したら manifest.yml を保存します。

これで、設定は完了しました。

> **MEMO**
>
> ほかの人がすでに使っている URL を指定してしまうと、次のようなメッセージが出てきてエラーとなります。
>
> ```
> $ ibmcloud app push
> 'cf push' を起動しています ...
>
> Pushing from manifest to org ibmcloud4_storywriter_jp / ➡
> space dev as ibmcloud@Storywnter. JP...
> マニフェスト・ファイル /Users/storywriter/projects/assistant-s ➡
> imple/manifest.yml を使用しています
> Getting app info...
> The app cannot be mopped to route watson-assistont-simpl ➡
> e.mybluemix.net because the route is not in this space. ➡
> Apps must be mapped to routes in the same space.
> 失敗
> $
> ```

## 4.2.4　サンプルアプリケーションを IBM Cloud に配置する

　.env ファイルと manifest.yml ファイルの設定が完了したら、手元にあるサンプルアプリケーションを IBM Cloud に置いてみましょう。

　再び、CLI に戻って作業することにします。assistant-simple フォルダに移動し、次のコマンドを入力していきます。

**［ターミナル］**
```
$ ibmcloud login
```

　IBM Cloud のログイン ID とパスワードの入力を求められるので、入力して先に進みます。地域を選択するメッセージが出た場合は、「us-south」（ダラスのことです）を選んでください。

　次に、IBM Cloud の組織とスペースを指定します。次のコマンドを入力します。

[ターミナル]
```
$ ibmcloud target --cf
```

最後に、手元のソースコードをIBM Cloudに送るコマンドを入力します。

[ターミナル]
```
$ ibmcloud app push
```

しばらく待つと、アプリケーションが実行された旨を記述したメッセージが表示されます。先ほどの`manifest.yml`の`name`で指定した文字列を使って、ブラウザーで以下のURLを開いてみましょう。

`https://（manifest.ymlのnameで指定した文字列）.mybluemix.net`

サンプルアプリケーションが起動しているのが確認できます（図4.72）。

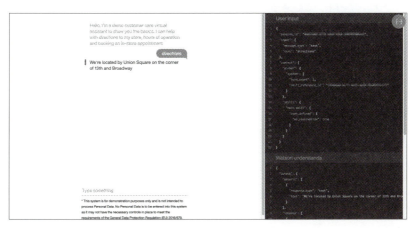

図4.72 サンプルアプリケーションの動作確認

あわせて、IBM Cloudの管理画面をブラウザーで開いてみましょう。Cloud Foundryアプリケーションの欄に新しいアプリケーションが追加されているのが確認できます。

以上で、サンプルアプリケーションをIBM Cloudに配置することができました。

# IBM Cloud Functionsと連携させる

前節までは「ライト・アカウント」で扱ってきました。本節では、より多様なサービスが利用可能な「有償アカウント」を用いて、Watson AssistantとIBM Cloud Functionsを連携させます。

前節までは「ライト・アカウント」で扱ってきましたが、より多様なサービスが利用可能な「有償アカウント」を用いると、さらに高度なことができます。本節ではWatson AssistantとIBM Cloud Functionsを連携させて、天気を回答するチャットボットを作成してみます。

本節では有償アカウントを用いることもあり、上級者向けの内容となっています。Watson Assistantに慣れてきたら試してみてください。

## 4.3.1 「ライト・アカウント」から「有償アカウント」へアップグレードする

「有償アカウント」へのアップグレードは、画面の上部にある「管理」メニューの中の「アカウント」から行います（図4.73 ❶❷）。「アカウント」画面を開いて、左のメニューから「アカウント設定」を選びます（図4.74）。

図4.73 「管理」メニューの中の「アカウント」

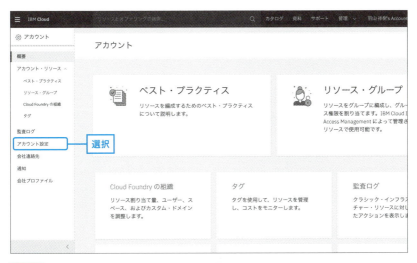

図4.74 「アカウント」画面の左のメニューから「アカウント設定」を選ぶ

「アカウントのアップグレード」の下の「クレジット・カードの追加」ボタンをクリックします（図4.75）。

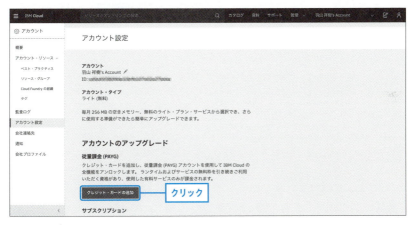

図4.75 「クレジット・カードの追加」ボタンをクリックする

すると、「従量課金（PAYG）へのアップグレード」というダイアログが開きます（図4.76）。PAYGとは「Pay As You Go（使った分だけ支払い）」という意味です。必要事項を入力して、ガイダンスに従って登録すると、有償アカウントへのアップグレードができます。

図4.76 従量課金（PAYG）へのアップグレード

アップグレードしたアカウントで「アカウント設定」の画面を見ると、「アカウント・タイプ」が「従量課金（PAYG）」に変更されていることが確認できます（図4.77）。

図4.77 「アカウント・タイプ」が「従量課金（PAYG）」になっている

## 4.3.2 IBM Cloud Functionsとは

「ライト・アカウント」から「有償アカウント」にアップグレードすることで使えるようになるIBM Cloudのサービスのひとつに「IBM Cloud Functions」があります（図4.78）。IBM Cloudの「カタログ」画面のメニューで「コンピュー

ト」をクリックすると選択できます（図4.79 ❶❷）。

図4.78 IBM Cloud Functionsの開始画面

図4.79 カタログの「コンピュート」から「IBM Cloud Functions」を選ぶ

　Functionsは「サーバーレスアーキテクチャ」と呼ばれるもので、サーバーを常時稼働させておくのではなく、APIを呼び出している瞬間だけ動かすことで、スケーリングを柔軟にしたり、管理を楽にしたり、コストを抑えたりします。競合となるサービスに、AWS LambdaやMicrosoft Azure Functionsがあります。

　Watson Assistantは、Functionsと簡単に連携できるようになっています。Watson Assistant単体では実現できない、高度な処理が可能になります。

> **ATTENTION**
>
> ### FunctionsとWatson Assistantは同じ地域（リージョン）に立てる
>
> これからWatson AssistantとFunctionsを連携させていきますが、その前に注意があります。連携させるWatson AssistantとFunctionsは、IBM Cloudで、同じ「地域」（リージョンとも呼びます）に立っている必要があります。もし異なるリージョンをまたいで連携させようとすると、Watson Assistantを利用するときにエラーになります（図4.80）。本書執筆時点では、Functionsは「東京」リージョンには対応していません。Watson AssistantとFunctionsを同じリージョンに立てるのであれば、Watson Assistantでも「ダラス」リージョンを選択するのがよいでしょう。
>
>
>
> 図4.80 異なるリージョンをまたいでWatson AssistantとFunctionsを連携させようとしたときに起こるエラー

> **ATTENTION**
>
> ### Functionsを使う前に「Cloud Foundryの組織」の名称を変更しておく
>
> IBM Cloudに登録してから、ここまで本書の説明に沿って進めてきた場合、「Cloud Foundryの組織」の名称が、あなたのメールアドレスになっている場合があります。Functionsを呼び出すときに、「Cloud Foundryの組織」に「@」が含まれていると、エラーになります。具体的には、FunctionsのURLを取得する画面で「@」が自動的に「%」に変換されます。この「%」が、Functionsの呼び出しURLとして許可されていないためです。
>
> 今のうちに、「Cloud Foundryの組織」の名称を、無難なものに変更しておきましょう。「Cloud Foundryの組織」の名称を変えるには、IBM Cloudのヘッダーの「管理」から「アカウント」をクリックし、左側のメニューから「Cloud Foundryの組織」を選択します（図4.81）。画面右のアクション欄の「・・・」をクリックし、プルダウンメニューから「名前変更」を選択します（図4.82 ❶❷）。「組織名の編集」というダイアログが表示されたら、記号のない組織名に変更します（図4.83）。筆者は「@」や「.」を「_」に置き換えました。最後に「保存」をクリックして完了です。
> これで、Functionsを利用する準備が整いました。

**図4.81** 「管理」から「アカウント」をクリックし、左側のメニューから「Cloud Foundryの組織」を選択

**図4.82** プルダウンメニューで「名前変更」を選択する

**図4.83** 「組織名の編集」ダイアログで、「@」「.」「%」のない組織名に変更する

### 4.3.3 Functionsとつながるチャットボットを作ってみる

それでは具体的に、Functionsを利用して、IBM Cloudの外にあるAPIに問い合わせるチャットボットを作ってみます。

まず、Functions側でAPIを用意します。Functionsを手軽に試すには、用意されているテンプレートから選ぶとよいでしょう。

今回は、サンプルとして「クイック・スタート・テンプレート」から「Get HTTP Resource」を選んで進めていきます。実際の手順は以下のようになります。

まず、Functionsの開始画面の「作成の開始」をクリックします（図4.84）。「作成」画面に切り替わったら、「クイック・スタート・テンプレート」を選択します（図4.85）。

図4.84 Functionsの開始画面の「作成の開始」をクリックする

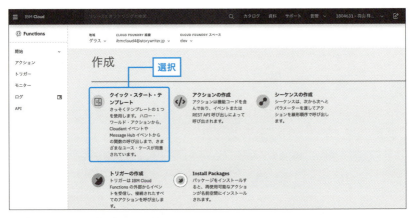

図4.85 Functionsの「クイック・スタート・テンプレート」を選択する

「テンプレートのデプロイ」画面が表示されたら「Get HTTP Resource」
MEMO参照 を選択します（ 図4.86 ）。

図4.86 「Get HTTP Resource」を選択する

続いて、「テンプレートのデプロイ」画面で「デプロイ」ボタンをクリックします
（ 図4.87 ）。この「Get HTTP Resource」というサンプルは、httpbin.orgという、
IBM Cloudの外にあるAPIにリクエストを投げて、返答を受け取ります。http
bin.orgは送信したリクエストをそのまま返す、シンプルなAPIです（ 図4.88 ）。

>  **MEMO**
>
> ### 「Get HTTP Resource」の内容について
>
> 「Get HTTP Resource」は、もともとは、米国Yahoo!の天気APIから天気情報を取得するものでした。2019年1月3日に、天気APIのサービスが急に終了したため、IBM Cloudのサンプルコードもhttpbin.orgを使ったものに差し替えとなりました。2019年2月現在、Functionsの「テンプレートのデプロイ」画面の表示は、まだ「A web action that is invoked in response to a HTTP event and then fetches data from the Yahoo Weather API.（Yahoo! 天気APIからデータを取得します）」と書かれたままですが、生成されるコードはhttpbin.orgへ問い合わせするものになっています。

**図4.87** 「Get HTTP Resource」をデプロイする

これで、Functions上にAPIができました。

**図4.88** 「Get HTTP Resource」をデプロイした直後の画面

「Get HTTP Resource」のAPIを作成したら、管理画面の左側のメニューから「エンドポイント」を選択します（図4.89）。

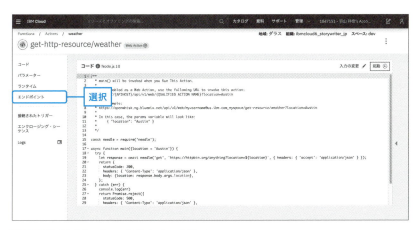

図4.89 管理画面の「エンドポイント」を選ぶ

「エンドポイント」画面の「REST API」の「URL」欄に表示されているURLをメモしておきます（図4.90）。

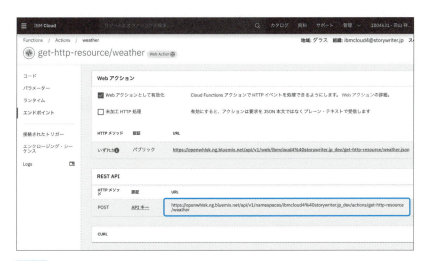

図4.90 「URL」をメモする

続けて「APIキー」のリンクをクリックします（図4.91）。

図4.91 「APIキー」のリンクをクリック

「APIキー」画面が表示されるので、「APIキー」の「キー」欄の値をコピーボタン（📋）をクリックしてコピーし、メモしておきます（図4.92）。ここでメモした値は、あとで使います。

図4.92 「APIキー」をコピー

続いて、Watson Assistant側を設定していきます。前節までで学んだことを活かして、新しいスキルを追加してください。スキル名は任意でかまいません（ここでは「Weather」としました）。

httpbin.orgに投げるリクエストは何でもよいのですが、わかりやすいよう「天気を問い合わせる」という体裁で、スキルを作っていくこととします。

これから作るスキルのDialogツリーの完成形を 図4.93 に示しておきます。

「ようこそ」ノードの下に「もし『天気』と言われたら土地を訊く」ノードを置きます。その子ノード[※1]として、「Functionsへクエリーを発行する」ノードを置き、さらにその子ノードとして、「天気を回答する」ノードを配置します。

図4.93 Watson Assistant Dialogの完成形

Intentとして「#天気」を作成しておきます。中身は「天気」「天気予報」「気象予測」など、「天気」に関わる言葉を入れてあります。

Intentの完成形を示しておきます（ 図4.94 ）。

---

※1　子ノードの作成には、「Add Child node」をクリックします。

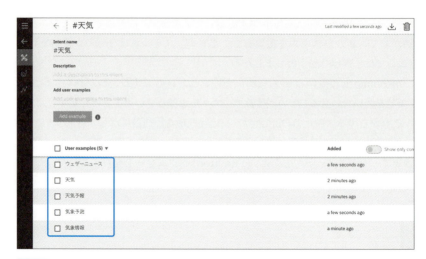

図4.94 Watson Assistant Intent の完成形

それでは、Dialogツリーのノードの設定をしていきましょう。

## ●「ようこそ」ノード

「ようこそ」ノードを開きます。画面右のパネルの「Then respond with:」の右側にある「⋮」をクリックします（図4.95）。

図4.95 ドロップダウンメニューを開く

ドロップダウンメニューが開くので、メニューから「Open JSON editor」を選択します（図4.96）。

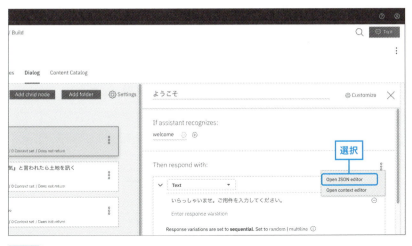

**図4.96** JSONエディターを開く

すると、**図4.97**のように「JSONエディター」が開きます。JSONエディターでは、Watson Assistantの管理画面ではできない、細かい設定を行います。

**図4.97** JSONエディターを開いた画面

JSONエディターで、次のJSONを追記します。ただし、「(APIキー)」の部分は、先ほどメモしたAPIキーに書き換えてください。このAPIキーがFunctionsを呼び出すときの認証キーになります。

追加するJSONの準備ができたら、"output"と同じ階層に追記してください（**リスト4.1**、**図4.98**）。

**リスト4.1** 追記する例

```
"context": {
  "private": {
    "my_credentials": {
      "api_key": " (APIキー) "
    }
  }
},
```

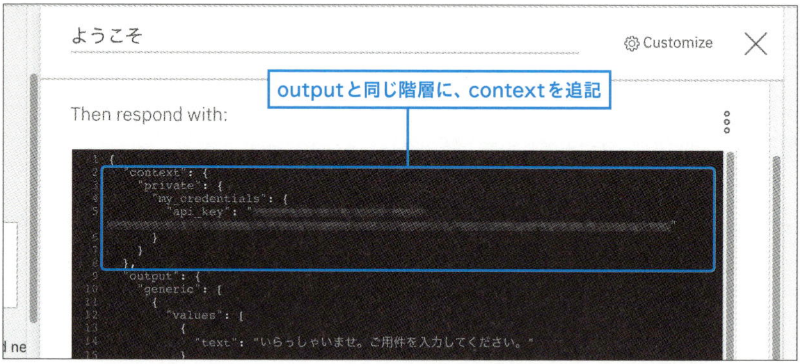

**図4.98** contextを追記した

## ●「もし『天気』と言われたら土地を訊く」ノード

「If assistant recognizes:」の条件に「#天気」を記入します。「Then respond with:」のテキストには「天気を知りたい土地はどこですか」と記入します（**図4.99 ❶❷**）。

**図4.99**「もし『天気』と言われたら土地を訊く」ノード

## ●「Functionsへクエリーを発行する」ノード

「If assistant recognizes:」の条件に「true」を指定します。

JSONエディターを開き、 リスト4.2 のように追記します。Assistantは"actions"に呼び出しを書き込むことでFunctionsを実行し、その値を受け取ることができます。"actions"も"output"と同じ階層に追記してください。

**リスト4.2** 追記する例

```
,
"actions": [
  {
    "name": "/(ネームスペース)/get-http-resource/(アクション)",
    "type": "cloud_function",
    "parameters": {
      "location": "<? input.text ?>"
    },
    "credentials": "$private.my_credentials",
    "result_variable": "context.weather"
  }
]
```

なお、「name」の値には、先ほどメモしておいたURLを加工して使います。メモしておいたURLは、次のような書式になっています。

```
https://openwhisk.ng.bluemix.net/api/v1/namespaces/(ネームスペース)/actions/get-http-resource/(アクション)
```

この「ネームスペース」と「アクション」を抜粋して、「/get-http-resource/」で結合し、「name」の値として記入します（ 図4.100 ）。

**図4.100** 「actions」を追記する

そのほかの、それぞれの項目の意味は以下のとおりです。

- **name**：Functionsのアクション名を指定します。
- **type**：「`client`」「`cloud_function`」「`web_action`」のいずれかを指定します。今回は「`cloud_function`」を指定します。
- **parameters**：Functionsに渡すパラメーターをJSON形式で指定します。今回、Functions側で用意した「Get HTTP Resource」では「location」という変数を受け取ります。ここでは`<? input.text ?>`を指定して、ユーザー入力をそのまま渡しています。
- **credentials**：アクションを呼び出すときの認証キーを指定します。今回は「ようこそ」ノードで指定した「`$private.my_credentials`」を参照しています。
- **result_variable**：Functionsの返り値をどの変数に保存するかを指定します。今回は$weatherという変数に保存するように指定しています。

「Functionsへクエリーを発行する」ノードで処理したFunctionsの結果は、このノードに続けて表示したいので、「And finally」は「Skip user input」として、子ノードになる「天気を回答する」ノードへ飛ばしています（図4.101 ❶❷）。

図4.101 「And finally」は「Skip user input」として、子ノードへ飛ばす

## ●「天気を回答する」ノード

「If assistant recognizes:」には「true」を指定します（図4.102 ❶）。

レスポンスの「text」には「$weather.body.location」と入力します ❷。Functionsからの返り値となるJSONが変数の $weather に入っているので、その中身を参照しています。「And finally」は「Jump to」で「ようこそ」ノードに「Respond」で戻しています（図4.103 ❶❷）。

図4.102 「天気を回答する」ノード

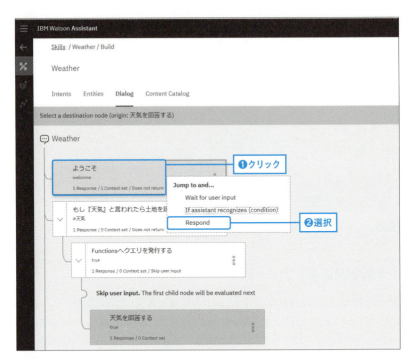

図4.103 「ようこそ」ノードに「Respond」で戻す

● 実行確認をする

　上記で設定は完了です。画面右上の「Try it out」を開いて、「天気」と入力し、次に「New York」と入力してみましょう。「New York」という同じ文字列が返答されてくれば成功です。Watson AssistantからFunctions経由でhttpbin.orgに地名が送信され、リクエストと同じ値が返答されて、それをまたWatson Assistantが受け取って表示しています（図4.104 ❶❷❸）。

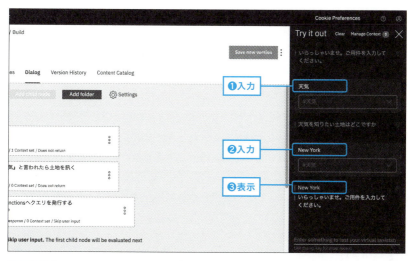

図4.104 「New York」と話しかけると「New York」と返答がある

　これでWatson AssistantからIBM Cloud Functionsへ連携する設定ができました。Watson Assistantの能力をFunctionsで拡張することで、さまざまな計算や外部サービスとの連携を容易に実現することができます。今回はhttpbin.orgにつなぎましたが、Functionsの先を本当の天気APIにすることで、実際に地名から天気を回答するチャットボットを作ることもできるでしょう。ぜひ工夫してみてください。

> **ATTENTION**
> ### 資格情報はスキル内に保存しないようにする
> 今回は、簡易にするため、資格情報をスキルのJSONエディター内に保存しましたが、これでは、ユーザーがブラウザーの開発ツールなどを用いると、値が見えてしまいます。本来はアプリケーションの側に持たせるのが正解です。

## 4.4 まとめ

この章では、次のことを学びました。

- チャットボットは、あなたが話しかけたときに返事をくれるロボットです。
- Watson Assistantは、たくさんのチャットボットに利用されています。会話を組み立てるためのWatsonサービスが、Watson Assistantです。
- Watson Assistantは、ちょっと手を動かすと、「なるほど！」とすぐにピンとくるような、やさしいつくりになっています。
- Watson Assistantを使ったサービスの作り方。
- Skillとは、チャットボットの環境のことです。
- エンティティーを使ったチャットボットは、覚えさせた言葉そのものには反応しますが、覚えさせていない言葉には反応しません。
- インテントを使ったチャットボットは、意味を考えた動きをしてくれます。
- IBM Cloudにサンプルアプリケーションを配置する手順。
- 有償アカウントで使えるIBM Cloud FunctionsとWatson Assistantを連携させる手順。

次章では、大量のデータを検索する「Discovery」について紹介します。

# CHAPTER 5 Watson Discoveryで文書検索をする

本章ではクラウド型の情報検索エンジンWatson Discoveryについて解説し、Discoveryをさらに活用するためのツール、Watson Knowledge Studioの紹介を行います。

# 5.1 情報検索エンジン Watson Discovery

本節では、クラウド型の情報検索エンジンであるWatson Discovery（ 図5.1 ）について、その特徴と機能を解説します。

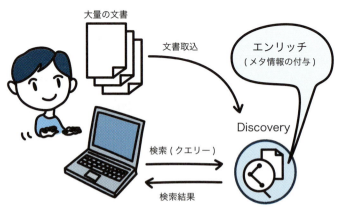

**図5.1** Watson Discovery

## 5.1.1　Watson Discoveryとは

　Watson Discovery（以下、Discoveryと略）は、テキスト情報の検索や分析を行うクラウドサービスです（ 図5.2 ）。多種多様で大量のテキストデータを取り込んで「人が知りたいものを見つける・分析する」処理を簡単な手順で行えるようにしています。

　従来型の検索エンジンと異なり、文書変換に関してだけ設定を行い、取り込みを実行すると、Discoveryが自動的にタグ付け、キーワード抽出などメタデータの付与（「エンリッチ」と呼びます）を行います。また、構造化データ、非構造化データのストア先を気にせず検索する方法がサポートされています。

　ユーザーに返されるものは、検索対象の文書が持っている情報だけではありません。機械学習によって強化されたNLU（Natural Language Understanding：テキスト分析）を介して、コンセプトやエンティティー MEMO参照 といった解析

結果がメタデータとして返されます。Discovery上では、これらのデータをもとにさらに高度な情報検索ができるようになっています。

> **MEMO**
>
> **エンティティー**
>
> ここでエンティティーとは、カテゴリー付けされたキーワードのことを表しています。どのようなカテゴリーがあるかは後述します（136ページの「カテゴリーの分類」）。エンリッチの恩恵を受けるのは、次のような多種多様なテキストデータです。
>
> - SNSの口コミ、お客様の声（意見、問い合わせ、クレーム）
> - 業務規則、製品マニュアル
> - 論文、成果発表資料

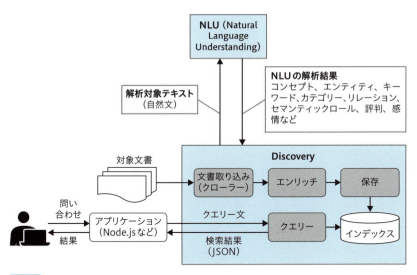

**図5.2** Discoveryのイメージ

出典 「IBM Watson Discovery - Japan」をもとに作成
URL https://www.ibm.com/watson/jp-ja/developercloud/discovery.html

## ● Discoveryのよいところ

Discoveryのよいところを簡単にまとめておきましょう。

- 文書の取り込みまでの準備が容易。

- 話し言葉、自然文を使った検索ができる。
- 機械学習を用いたNLUが自動的に情報を付加してくれる。
- 構造化データと非構造化データの両方を扱える。
- 多言語対応されている（2019年2月時点で、日本語を含め9言語）。
- API利用を考慮したツールが付属している。

## ● Discoveryのアーキテクチャ

Discoveryに情報を取り込み、結果を得るまでの一連の処理を見ていきましょう（図5.3）。

**図5.3** Discoveryサービスソリューションのアーキテクチャ

- **Discovery製品情報** | IBM Cloud Docs
  URL https://console.bluemix.net/docs/services/discovery/index.html#-

Discoveryサービスソリューションのアーキテクチャは、次の5つの段階に分けられます。

- **Data**：取り込み対象の文書は、9種類の形式をサポートしている。
- **Ingestion**：文書取り込み、文書へのメタデータ付与、インデックス作成前の正規化を行う。
- **Storage**：コレクション内に検索、分析用のインデックスを作成する。
- **Query**：情報の検索、分析結果の取得を行う。
- **Output**：得られた洞察を活用する。

## ● Discoveryの3つの機能

Discoveryは、データをDiscoveryに取り込む「クローラー」、データに情報を付加する「エンリッチ」、Discoveryから情報を取り出す「クエリ」の大きく3つの機能に分かれます。

Discoveryサービスソリューションのアーキテクチャと照らし合わせると、次

の 図5.4 のようなイメージになります。

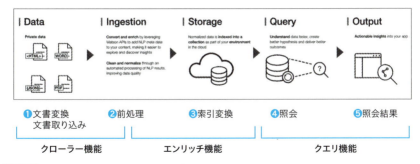

図5.4 Discoveryを使う3つのステップ

それぞれの機能の詳細については、次項以降で説明していきます。

## ● Discoveryの環境イメージ

次に、Discoveryが動作する環境について見ていきましょう。図5.5 を見てください。

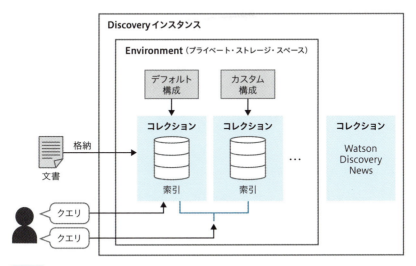

図5.5 Discoveryのインスタンス、環境、コレクションのイメージ

Environment（環境）とは、Discoveryサービスのインスタンスごとに1つ割り当てられるストレージスペースです。

**コレクション**とは、環境内のコンテンツのグループです。コンテンツをアップロードするには、少なくとも1つのコレクションを作成する必要があります。

インスタンス内のEnvironmentの大きさ、コレクションの数などは利用プラン（Lite、Advanced、Premium）によって異なります。

ライト・アカウントの場合は、以下のようになります（2019年2月時点）。

- 200MBのストレージ
- コレクションは2つまで作成可能
- 文書は1000件まで登録可能
- 月に200件の文書照会

インスタンスを作成すると、「Watson Discovery News」 MEMO参照 というコレクションが組み込まれますが、環境内のストレージ、コレクション数の制限には含まれません。

> **MEMO**
>
> **Watson Discovery News**
>
> Watson Discovery Newsは、事前にエンリッチ（キーワード、エンティティ、エンティティ同士の関係、セマンティックロール、センチメント、カテゴリー）されたコレクションです。クロール日付や公開日付も保持していて、過去60日間のニュース・データを検索できます。Watson Discovery Newsは、日々最新化されていて、英語版では約30万、日本語版では毎日約1万7千の新しい記事が更新されています。このデータセットは、アプリケーションに組み込むことも可能です。なお、検索時には、API利用料が必要になります。

## ● Discoveryを使う方法

Discoveryの利用方法としては、管理UI（Webブラウザ上で動くツール）から利用する方法と、プログラムからAPIを通して利用する方法の2つがあります（ 図5.6 ）。

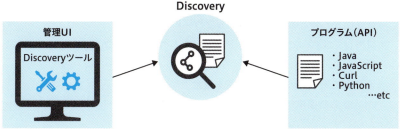

図5.6 Discoveryへのアクセスイメージ

　Discoveryを使うには、まず他のWatsonの機能と同じようにDiscoveryのサービスインスタンスを作成して、情報を蓄積するための環境を準備する必要があります。

　Discoveryインスタンス1つにつき、1つの環境（プライベート・データ・コレクション MEMO参照 用のストレージ領域）が割り当てられます。

> **MEMO**
>
> **プライベート・データ・コレクション**
>
> プライベート・データ・コレクションは、ユーザー独自の文書やデータを格納するためのコレクションで、文書の追加や削除、追加する際のエンリッチ設定を自由に行えます。前ページで紹介したWatson Discovery Newsはユーザーがすでに使える状態になっている公開されたコレクションで、こちらは照会のみが可能です。

## 5.1.2　クローラー（文書取り込み）

　Discoveryを使うための最初のステップは、クローラー（文書取り込み）です。

### ● データの取り込み方法

　文書の取り込み方法には管理UI、API、データクローラーの3つがあります。Discoveryが直接サポートしている取込対象は管理UI、APIから取り込みを行います。データベースからの取り込みはクローラーから行います。

### ● 1. 管理UIからの取り込み

　管理UIから簡単な手順で文書を取り込むことができます。

- **管理UIから特定のファイルをアップロード**

  管理UIに特定のファイルをドラッグ＆ドロップしてファイルの取り込みを行います。

- **管理UIでデータソースとの接続を設定**

  UI上からの簡単な接続情報の設定で、Discoveryがデータ・ソースをクロールしてファイルの取り込みを行います。

## 2. APIからの取り込み

　API経由で文書を取り込むことも可能です。管理UIからでは設定できないきめ細かいファイルの取り込み設定やデータソースとの接続設定を行うことができます。Discoveryを使った検索システムを構築・運用する場合は、APIを使って文書の追加・更新・削除といった細かいメンテナンスを行うことが多いでしょう。

## 3. データクローラーからの取り込み

　Discoveryが直接サポートしないデータソース MEMO参照 （データベース、ファイル共有）からファイルを取り込む場合に使用します。Javaで稼働する外部プログラムとしてのクローラーがあり、Linux環境でCUI操作のみとなります（ 図5.7 ）。

> **MEMO**
>
> **データソース**
>
> Discoveryがサポートするデータソースは、2018年8月時点では「Box」「Salesforce」「SharePoint Online」の3種類でしたが、2019年2月時点では「SharePoint 2016」「IBM Cloud Object Storage」「Web（ベータ版）」が追加となり6種類のデータソースに対応するようになりました。

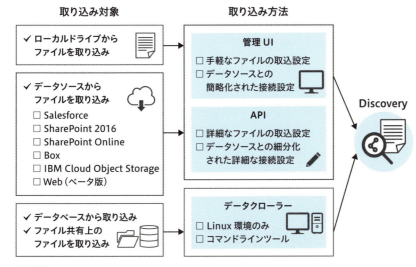

図5.7 取り込み対象と取り込み方法

## ● 扱えるデータ形式

Discoveryに取り込めるドキュメントの種類は、以下の9つがあります。それぞれ変換ルールを適用して取り込んでいきます（図5.8）。なお、Excel、PowerPoint、PNG、TIFF、JPGの5つは、2019年2月に追加されました。

- **PDF**：PDFからHTMLに変換するルールを設定できます。フォントサイズ、書体（italic、boldなど）、フォント名を指定して、HTMLの見出しタグを設定できます。
- **Word**：WordからHTMLに変換するルールを設定できます。PDFと同様のフォント指定に加え、Wordスタイルを指定して見出しタグを設定できます。
- **HTML**：HTMLからJSONに変換するルールを設定できます。HTMLタグを指定して内容の要否を設定できます。また、XPathでの指定も可能です。
- **JSON**：JSONのフィールドを指定して、移動、削除、マージを行えます。Word、PDFからHTML、HTMLからJSONへの変換ルールは、APIを利用して設定することができます。
- **Excel**
- **PowerPoint**
- **PNG、TIFF、JPG**：画像ファイルに含まれる文字を検出します。こちらは、

ライト・プランでは扱えないファイル形式です。

> **MEMO**
> 
> ### PDF、Word、Excel、PowerPoint
> 
> PDF、Word、Excel、PowerPointについては、管理UIから文書内に含まれる情報を抽出するための機能を用いた取り込み設定ができるようになりました。この取り込み設定はAPIからでは設定できず、管理UIからのみ設定が可能です。

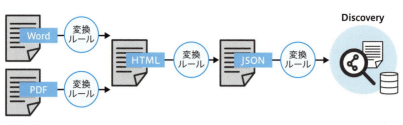

図5.8 データ形式の変換フロー

## 5.1.3 エンリッチ機能

　Discoveryの最大の特徴とも言えるのがエンリッチ機能です（図5.9）。エンリッチ機能とは、Discoveryに文書を登録する際に、文章中からさまざまな情報を抽出してメタ情報として付与する機能です。文書内の文章に対する検索だけではなく、このメタ情報も含めて検索を行えるところが、Discoveryの優れた特徴となっています。

　情報の抽出、エンリッチ機能は、大きく2つに分けられます。ひとつはNLUと連携するもので、もうひとつはWKS（Watson Knowledge Studio）と連携するものです。

- **NLUと連携する標準のエンリッチ機能**
  あらかじめ学習させたモデルを使って、文書から情報を抽出します。利用者はエンリッチのために何かを学習させる必要はありません。
- **WKSと連携するカスタムエンリッチ機能**
  WKSで作った機械学習モデルや定義したルールを使って、文書から情報を抽出します。NLU連携では対応できない業界や企業特有の単語や言い回し

を、WKSでカスタム学習させて抽出可能にしています。WKS連携では、エンティティーの抽出（Entity Extraction）、関係の抽出（Relation Extraction）を行うことができます。

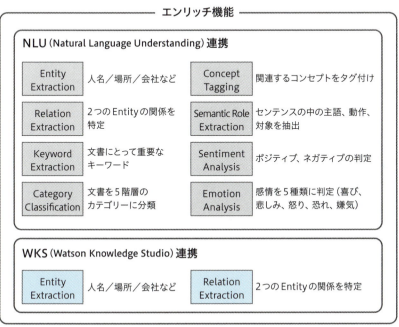

図5.9　エンリッチ機能の概要

エンリッチ機能によって、人名、場所といったエンティティー、重要なキーワード、文書が属するカテゴリーなどさまざまな情報を検索対象にすることができるのです。

エンリッチ機能で抽出できる情報は次の9つです。

- エンティティーの抽出（Entity Extraction）
- 関係の抽出（Relation Extraction）
- キーワードの抽出（Keyword Extraction）
- カテゴリーの分類（Category Classification）
- 概念のタグ付け（Concept Tagging）
- 意味役割抽出（Semantic Role Extraction）
- センチメント分析（Sentiment Analysis）

- 感情分析（Emotion Analysis）
- 要素の分類（Element Classification）

では、どのような情報が抽出できるか、それぞれ見ていきましょう。

## ● エンティティーの抽出

エンティティーの抽出（Entity Extraction）では、人名、場所、組織といった情報を、単語＋属性（エンティティー・タイプ）のセットで抽出します。

エンティティー・タイプだけではなく、さらに詳細なエンティティー・サブタイプもあわせて抽出される場合もあります MEMO参照 。

> **MEMO**
>
> **エンティティー・タイプとサブタイプ**
>
> エンティティー・タイプ、サブタイプの一覧は、次のURLからExcel形式でダウンロードできます。
>
> - **エンティティー・タイプとサブタイプ｜IBM Cloud Docs**
>   URL  https://console.bluemix.net/docs/services/discovery/entity-types.html

NLU連携でのエンティティー・タイプは26種類、エンティティー・サブタイプは433種類が定義されています（ 表5.1 ）。

**表5.1** NLU連携のエンティティー・タイプ（26種類）

| | | | | |
|---|---|---|---|---|
| Anatomy | EmailAddress | JobTitle | Person | TwitterHandle |
| Award | Facility | Location | PrintMedia | Vehicle |
| Broadcaster | GeographicFeature | Movie | Quantity | |
| Company | HealthCondition | MusicGroup | Sport | |
| Crime | Hashtag | NaturalEvent | SportingEvent | |
| Drug | IPAddress | Organization | TelevisionShow | |

> **MEMO**
>
> **WKS連携におけるエンティティー・タイプ**
>
> WKS連携では、独自にエンティティー・タイプを定義することができます。

次の 表5.2 は、人工知能に関して経済産業省から出されている73文書を読み込ませて抽出したエンティティー MEMO参照 の一部です。

表5.2 抽出されたエンティティーの例

| Entity Type | Organization | JobTitle | Person | Location |
|---|---|---|---|---|
| 値 | 東京大学 | 医師 | 理事長 | 国立 |
|  | 人工知能技術戦略会議 | 専門家 | 総理 | 世界 |
|  | 大学院・外部 | 開発者 | 医師 | 国 |
|  | 産総研 | 監督 | 自己 | 地方 |
|  | ＮＥＤＯ | 学習モデル | 研究者 | 都市 |
|  | 日本学術振興会 | 農業者 | 代表者 | 街 |

> **MEMO**
>
> **抽出されたエンティティーの例**
>
> 「学習モデル」が「JobTitle」として抽出されているなど少し気になるものもありますが、こういった情報が自動的に文章から抽出され、検索対象とできると使い方の幅が広がりそうです。

## ● 関係の抽出

関係の抽出（Relation Extraction）では、文章内の2つのエンティティー同士の関係を見つけます（ 図5.10 ）。関係抽出できるエンティティーの種類は「Law」「Money」「Product」など、50種類が定義されており、関係抽出でのみ使われる特有エンティティーがほとんど（34種類）です。

エンティティー間の関係は「basedIn」「locatedAt」「managerOf」など53種類が定義されています。代表的なものをいくつかご紹介します（ 表5.3 ）。

- ● **関係タイプ** | IBM Cloud Docs
    - URL https://console.bluemix.net/docs/services/discovery/relation-types.html

### 例1

3月27〜28日　G7イノベーション大臣会合（カナダ・モントリオール）

### 例2

NICT・理研・産総研における若手研究者等の処遇、共同研究者受入、人的交流

図5.10 関係抽出の例

表5.3 NLU連携で抽出できる関係（代表的なもの）

| 関係 | 内容 |
| --- | --- |
| basedIn | Organization（組織）と、その組織が置かれている主要な場所、唯一の場所、との間に存在する |
| locatedAt | エンティティーと、そのエンティティーの物理的場所との間に存在する |
| employedBy | 一方が特定の仕事またはサービスに対して他方に支払いを行う2つのエンティティーの間に存在する。金銭的報酬が存在する必要がある。多くの場合、この関係をマーク付けるために常識的知識が必要となる |
| managerOf | Person（人）と、その人が仕事として管理しているPerson（人）またはOrganization（組織）などのエンティティーとの間に存在する |
| partOf | 1番目のエンティティーを2番目のエンティティーが包含する、同じタイプまたは関連するタイプで大きさの違う2つのエンティティーの間に存在する。これらのエンティティーがEvent（イベント）の場合、1番目は、2番目が発生している時間帯に発生している必要がある |
| partOfMany | 1番目のエンティティー（これは1つまたは複数のエンティティーからなる）を2番目のエンティティー（これは複数でなければならない）が包含する、同じタイプまたは関連するタイプで大きさの違うエンティティーの間に存在する |

※関係タイプ | IBM Cloud Docs（ URL https://console.bluemix.net/docs/services/discovery/relation-types.html）より抜粋

 **MEMO**

#### WKS連携

WKS連携では、独自にエンティティー同士のリレーションを定義することができます。

## ● キーワードの抽出

キーワードの抽出（Keyword Extraction）では、文書内から重要なキーワードやフレーズを抽出します。ここでは 図5.11 のサンプル文書からキーワードを抽出してみました（図5.12）。

```
                                                          資料4

        「人間中心のAI社会原則検討会議」の設置等について（案）

                                              平成30年3月23日
                                                     内閣府
                                                     総務省
                                                     文部科学省
                                                     経済産業省

1．目的
   人間中心のAI社会原則検討会議（以下「検討会議」という。）は、AIをより良い形で社
 会実装し共有するための基本原則となる人間中心のAI社会原則（Principles of Human-
 centric AI society、以下「原則」という。）を策定し、同原則をG7及びOECD等の国
 際的な議論に供するため、AIに関する倫理や中長期的な研究開発・利活用等について、産
 学民官のマルチステークホルダーによる幅広い視野からの調査・検討を行うことを目的とす
 る。

2．内容
   原則については、国内の産学民官による次の取組等を参照しつつ、取りまとめる。その際、
 国際的な議論に供する観点からは、海外における各種指針等も参照するとともに、外国企業
 からも意見を聴取する。
  （参考）
   ①AIネットワーク社会推進会議の「国際的な議論のためのAI開発ガイドライン案」
   ②人工知能学会の「倫理指針」
   ③経団連で検討中の「AI活用原則」

3．スケジュール
  ○3～4月　検討会議設置のための人工知能技術戦略会議運営要綱の改定（持ち回り決裁）
  ○4月中　検討会議の開催
  ○平成30年度中　原則の策定
  ＜参考＞
  ○3月27～28日　G7イノベーション大臣会合（カナダ・モントリオール）
  ○5月14～18日　OECD・CDEP
  ○6月8～9日　G7サミット（カナダ・シャルルボワ）
  ○11月12～16日　OECD・CDEP
  ○平成31年：G7（フランス）

4．メンバー等
  ○検討会議の構成員は、20名程度（産学民官より）とする。
  ○検討会議に関する事務は、内閣府が総務省、文部科学省及び経済産業省の協力を得て
   担当する。
```

図5.11　サンプル文書

出典　内閣府 人工知能技術戦略会議（第6回）配布資料
　　　資料4「人間中心のAI社会原則検討会議」の設置等について
URL　https://www8.cao.go.jp/cstp/tyousakai/jinkochino/6kai/siryo4.pdf

サンプル文書から抽出されたキーワード（抜粋）

| 関連度 | キーワード |
|---|---|
| 0.802520 | "資料" |
| 0.802520 | "スケジュール" |
| 0.802520 | "メンバー" |
| 0.561224 | "外国企業" |
| 0.549022 | "ＯＥＣＤ・ＣＤＥＰ" |
| 0.540657 | "基本原則" |
| 0.526994 | "人間中心のＡＩ社会原則検討会議」の設置等について（案）" |
| 0.503445 | "検討会議に関する事務" |
| 0.502511 | "海外における各種指針等" |
| 0.500984 | "Ｇ７及びＯＥＣＤ等の国際的な議論" |
| 0.500764 | "産学民官のマルチステークホルダーによる幅広い視野からの調査・検討" |
| 0.500044 | "内閣府 総務省 文部科学省 経済産業省" |
| 0.497587 | "平成30年度中 原則" |
| 0.496008 | "ＡＩに関する倫理や中長期的な研究開発・利活用等" |
| 0.494883 | "人間中心" |
| 0.494708 | "観点" |
| 0.494136 | "活用" |
| 0.493662 | "内閣府" |
| 0.492630 | "総務省、文部科学省及び経済産業省の協力" |
| 0.491810 | "人間中心のＡＩ社会原則検討会議（以下「検討会議」" |
| 0.489397 | "検討会議" |
| 0.487752 | "平成30年度中 原則の策定 ＜参考＞" |
| 0.487068 | "国内の産学民官による次の取組等" |
| 0.486278 | "技術戦略" |
| 0.485897 | "Ｇ７（フランス）" |
| 0.485875 | "検討会議の構成員" |
| 0.485718 | "人間中心のＡＩ社会原則（Principles of Human centric AI society、以下「原則」" |
| 0.485675 | "３月27～28日 Ｇ７イノベーション大臣会合（カナダ・モントリオール）" |
| 0.485638 | "名程度（産学民官）" |
| 0.485570 | "経済産業省" |
| 0.484609 | "６月８～９日 Ｇ７サミット（カナダ・シャルルボワ）" |
| 0.484488 | "４月中 検討会議の開催" |
| 0.483715 | "～４月 検討会議設置のための人工知能技術戦略会議運営要綱の改定（持ち回り決裁）" |

図5.12 キーワード抽出の例

## ● カテゴリーの分類

カテゴリーの分類（Category Classification）では、文書がどのカテゴリーに近いかを分類します。分類は最大5階層の深さになり、階層が深いほど具体的な分類になります。カテゴリーとあわせて、そのカテゴリーのスコア（信頼性）が0.0から1.0の範囲で付与されます。

ここでは 図5.11 のサンプル文書からカテゴリーを分類してみました（ 図5.13 ）。

サンプル文書から抽出されたカテゴリー

| スコア | カテゴリー |
|---|---|
| 0.500294 | /travel/tourist destinations/France |
| 0.499128 | /law, govt and politics/government/heads of state |
| 0.424263 | /business and industrial/business operations/business plans |

定義されているカテゴリー（抜粋）

| LEVEL 1 | LEVEL 2 | LEVEL 3 | LEVEL 4 | LEVEL 5 |
|---|---|---|---|---|
| art and entertainment | books and literature | best-sellers | | |
| automotive and vehicles | vehicle brands | nissan | infiniti | |
| business and industrial | business operations | business plans | | |
| finance | investing | funds | exchange traded funds | |
| health and fitness | disorders | mental disorder | depression | |
| law, govt and politics | government | heads of state | | |
| science | medicine | surgery | cosmetic surgery | |
| style and fashion | beauty | cosmetics | nail polish | |
| technology and computing | consumer electronics | telephones | mobile phones | smart phones |
| travel | tourist destinations | france | | |

 **図5.13** カテゴリーの分類の例

> **MEMO**
>
> **カテゴリーの一覧**
>
> 定義されているカテゴリーの一覧は、次のURLからExcel形式でダウンロードが可能です。
>
> ● **カテゴリー階層｜IBM Cloud Docs**
>   URL　https://console.bluemix.net/docs/services/discovery/categories.html

## ● 概念のタグ付け

　**概念のタグ付け**（Concept Tagging）では、対象の文章と関連の深い概念を識別します。特徴的なのは、直接文章に単語としては含まれていない概念を識別できることです。

　概念の関連性を示す「Relevanceスコア」が0.0から1.0の範囲で付与されます。また、概念の説明に関するURLが付与されます。

　ここでは 図5.11 のサンプル文書をもとに概念のタグ付けを実行してみました（ 図5.14 ）。

サンプル文書から識別された概念

| Relevanceスコア | 概念 | dbpedia_resource |
|---|---|---|
| 0.708547 | 教育 | http://ja.dbpedia.org/resource/教育 |

サンプル文書の中に「教育」という単語は直接は含まれていない ／ 「教育」についての解説ページ

図5.14 概念の抽出の例

## ● 意味役割抽出

**意味役割抽出**（Semantic Role Extraction）では、文書のセンテンス内にある主語（Subject）、動作（Action）、対象（Object）の関係を抽出します。

実行例を 図5.15 に示します。ここでは 図5.11 のサンプル文書の「1. 目的」のセクションを対象に意味役割を抽出しています。

**対象Sentence：**
人間中心のAI社会原則検討会議（以下"検討会議"という。）は,AIをより良い形で社会実装し共有するための基本原則となる人間中心のAI社会原則（Principles of Human-centric AI society,以下"原則"という。）を策定し、同原則をG7及びOECD等の国際的な議論に供するため,AIに関する倫理や中長期的な研究開発・利活用等について、産学民官のマルチステークホルダーによる幅広い視野からの調査・検討を行うことを目的とする。

Sentenceに対して抽出された意味役割

| Subject | object | action |
|---|---|---|
| 抽出なし | AIを | Verb：する |
| | 人間中心のAI社会原則検討会議（以下"検討会議"という。）は,AIをより良い形で社会実装し共有するための基本原則となる人間中心のAI社会原則（Principles of Human-centric AI society,以下"原則"という。）を | Verb：し |
| | 産学民官のマルチステークホルダーによる幅広い視野からの調査・検討を | Verb：行う |
| | 産学民官のマルチステークホルダーによる幅広い視野からの調査・検討を行うことを | Verb：する |
| | 目的と | Verb：する |

図5.15 意味役割抽出の例

## ● センチメント分析

センチメント分析（Sentiment Analysis）は、文書が「positive（ポジティブ、肯定的）」「neutral（中立）」「negative（ネガティブ、否定的）」のいずれかを判断します。また、エンティティー、キーワードなどの抽出時には指定しなくてもセンチメント分析が付与されます。

図5.16 に、サンプル文書（図5.11）のセンチメント分析結果、エンティティーのセンチメント分析結果を示しました。

サンプル文書のセンチメント分析

| スコア | ラベル |
| --- | --- |
| 0.0 | neutral |

サンプル文書のエンティティーのセンチメント分析

| スコア | ラベル | エンティティー・タイプ | エンティティー |
| --- | --- | --- | --- |
| 0.0 | neutral | Organization | 内閣府 |
| 0.0 | neutral | Location | フランス |
| 0.0 | neutral | Date | 6月8～9日 |
| 0.0 | neutral | Organization | 人工知能学会 |
| 0.633526 | positive | Date | 4月 |

 図5.16 センチメント分析の例

> **MEMO**
>
> ### Discovery Newsの英語版と日本語版の違い
>
> Discovery Newsの英語版・日本語版で比較（同じキーワードで検索した際のセンチメント分析結果を比較）してみたところ、ニュースソースが異なることも影響していると思いますが、日本語版ではほとんどが「neutral」の判定となってしまうようです。感情に関することが取得できるWatson APIで日本語対応されているものは少ないため、今後のアップデートに期待したい部分です。

## ● 感情分析

感情分析（Emotion Analysis）は、「怒り」、「嫌悪」、「恐怖」、「喜び」、「悲しさ」の感情を検出します。対象のフレーズ、エンティティー、キーワードに関する感情検出だけではなく、文書全体の感情のトーンを分析することもできます。

残念ながら感情分析については、現時点では英語のみ対応となっています。

## ● 要素の分類

要素の分類機能（Element Classification）は、ソフトウェア調達に関する契約書や規則に特化したエンリッチメントです。次の機能を提供します。

- ソフトウェア調達契約と規制文書に重点を置いた契約の自然言語理解
- プログラマチックPDFを注釈付きJSONに変換する機能
- 主題の専門知識に沿った法的なエンティティーとカテゴリーの識別

要素の分類についても、現時点では英語のみのサポートとなっています。

## 5.1.4 クエリ機能

クエリ機能は、Discoveryに取り込まれた文書、エンリッチされた情報を検索・分析する機能です。複雑な情報検索にも柔軟に対応できる検索パラメーターが提供されており、検索結果をどのように返すか（対象のフィールド、取得件数の上限、ソートなど）を構造パラメーターで決定することができます。

また、SQLを使った検索のように件数のカウント、値の集計を行うための集約関数が準備されています。

### ● 検索パラメーター

Discoveryを検索するときには、4種類の検索パラメーター「query」「filter」「natural_language_query」「aggregation」を使うことができます（表5.4）。

表5.4　4種類の検索パラメーター

| 検索パラメーター | 説明 |
| --- | --- |
| query | 条件に一致する文書を関連性の高い順に返す。検索にはDQL MEMO参照 を利用する<br>例：query=enriched_text.concepts.text:cloud computing |
| filter | 文書の絞り込みを行う。関連性でのソートは行わない。結果はキャッシュすることができる。検索にはDQLを利用する<br>例：filter=enriched_text.concepts.text:cloud computing |
| natural_language_query | 条件に一致する文書を関連性の高い順に返す。検索を自然言語で行うことができ、この検索条件に対して結果のトレーニング（関連性学習）を実行可能。検索には自然言語を利用する<br>例：natural_language_query=クラウドコンピューティング |

(続き)

| 検索パラメーター | 説明 |
|---|---|
| aggregation | 条件に一致する情報を集計・集約して取得する。特定フィールドの合計値や対象の文書数を取得できる。queryやfilterと組み合わせて使用する。検索にはDQLを利用する<br>例：aggregation=term(enriched_text.entities.type,count:10) |

> **MEMO**
>
> ### DQL
> DQL（Discovery Query Language）とは、Discovery独自の照会言語です。

### ● 構造パラメーター

構造パラメーターとは、検索パラメーターに一致する結果文書セットをどのように返却するかを設定するパラメーターです（表5.5）。詳細については次のURLのページを参照してください。

● 照会リファレンス | IBM Cloud Docs
URL https://console.bluemix.net/docs/services/discovery/query-reference.html

表5.5 構造パラメーター

| 構造パラメーター | 説明 | 例 |
|---|---|---|
| count | 返すresult文書の数。デフォルト値は10。count値とoffset値を合わせた場合の最大値は10000 | count=15 |
| offset | 結果セットからresult文書を返す前に無視する結果の数。デフォルトは0。count値とoffset値を合わせた場合の最大値は10000 | offset=100 |
| return | 返すフィールドのリスト | return=title,url |
| sort※ | 結果セットのソート基準となるフィールド。昇順がデフォルトのソート方向 | sort=enriched_text.sentiment.document.score |
| passages.fields | パッセージの抽出元のフィールド。指定がない場合、最上位フィールドを抽出元にする | passages=true&passages.fields=text,abstract,conclusion |
| passages.count | 返すパッセージの最大数。デフォルトは10、最大値は100 | passages=true&passages.count=6 |

(続き)

| 構造パラメーター | 説明 | 例 |
|---|---|---|
| passages.characters | 返すパッセージ MEMO参照 の概算文字数。デフォルトは400、最小値は50、最大値は2000 | passages=true&passages.characters=144 |
| highlight | 照会の致を強調表示するブール値 | highlight=true |
| deduplicate | Watson Discovery News から返された結果を重複排除する | deduplicate=true |
| deduplicate.field | フィールドに基づいて、返された結果を重複排除する | deduplicate.field=title |
| collection_ids* | 環境内の複数のコレクションを照会する | collectionids={1},{2},{3} |

※sort、collection_ids パラメーターは管理UIツールからは利用できず、APIからのみ利用できる。

> **MEMO**
>
> **パッセージ**
>
> 文書内の「検索条件と関連性の高い部分」を示します。検索結果の文書が大きい場合など、検索結果として求めている部分を文書内から探す手間を省けるため非常に便利です。

## ● 集約関数

集約関数を使うと、上位のキーワードや、全体のセンチメントといった値を取得できます。どのような集約ができるか、表5.6 に例を示します。

● 照会リファレンス | IBM Cloud Docs
URL https://console.bluemix.net/docs/services/discovery/query-reference.html

表5.6 集約関数

| 集約関数 | 説明 | 例 |
|---|---|---|
| term | 選択したエンリッチメントの上位の値を返す。countオプションで返す数を指定できる | term(enriched_text.concepts.text,count:10) |
| filter | 定義されたパターンに従って結果セットをフィルターにかける | filter(enriched_text.concepts.text:cloud computing) |
| nested | 集約を制限する | nested(enriched_text.entities) |

(続き)

| 集約関数 | 説明 | 例 |
|---|---|---|
| histogram | 数値を使って区間セグメントを作成する。単一の数値フィールドを利用し、intervalには整数を指定する。右の例では、product.priceを100円の幅でグループ分けしている | histogram(product.price,interval:100) |
| timeslice | 日付を使って区間セグメントを作成する | timeslice(last_modified,2day,America/New_York) |
| top_hits | 上位にランク付けされている結果文書を返す。どの検索パラメーター、集約関数にでも使用できる | term(enriched_text.concepts.text).top_hits(10) |
| unique_count | 集約内のフィールドの固有値の数を返す | unique_count(enriched_text.entities.type) |
| max | 結果セット内の指定された数値項目の最大値を返す | max(product.price) |
| min | 結果セット内の指定された数値項目の最小値を返す | min(product.price) |
| average | 結果セット内の指定された数値項目の平均値を返す | average(product.price) |
| sum | 結果セット内の指定された数値項目の合計値を返す | sum(product.price) |

## ● クエリ機能の使用例

　検索パラメーター、集約関数を組み合わせて、実際にDiscovery News日本語版を検索し、検索結果を見てみましょう（「5.1.5　Discoveryを使う」のあとに実行してみてください）。

　まず、Discovery News日本語版から、「positive」と分析されたカテゴリートップ10を検索します（図5.17）。

**例1**

**センチメントが"positive" なニュース記事のカテゴリーの上位10件**

❶ ❷

❶ filter：センチメントラベルが "positiveと完全一致"

```
filter=enriched_text.sentiment.document.label::"positive"
```

❷ aggregation：カテゴリーラベルの値、上位10件

```
aggregation=term(enriched_text.categories.label,count:10)
```

Discovery Newsクエリ結果

**Aggregations**

term(enriched_text.categories.label)

- **/art and entertainment/shows and events** (41,700)
- **/food and drink/food** (25,399)
- **/family and parenting/children** (16,236)
- **/art and entertainment/movies and tv/movies** (15,138)
- **/food and drink/desserts and baking** (12,801)
- **/food and drink/cuisines** (12,247)
- **/style and fashion** (12,012)
- **/art and entertainment/comics and animation/anime and manga** (10,773)
- **/art and entertainment/shows and events/concert** (10,486)
- **/art and entertainment/movies and tv/movies/reviews** (10,484)

図5.17 クエリ機能の使用例1

次に、センチメントが「positive」な記事内でカテゴリー最上位の「/food and drink」ではどのような場所「location」が取り上げられているのかを検索してみましょう（図5.18）。

### 例2

センチメントが"positive"かつカテゴリーが"/food and drink"な記事に
　　　　　　❶　　　　　　　　　　　　　　❷
出てくる地名にはどのようなものがあるか？
　　　　　❸

❶ filter：センチメントラベルが"positive と完全一致"

```
filter=enriched_text.sentiment.document.label::"positive"
```

❷ query：カテゴリーラベルの値が"/food and drink"を含む

```
query=enriched_text.categories.label:"/food and drink"
```

❸ aggregation：エンティティタイプが"Location"のテキスト上位20件

```
aggregation=
nested(enriched_text.entities).filter(enriched_text.
entities.type::"Location").term(enriched_text.entities.
text,count:20)
```

#### Discovery Newsクエリ結果

**Aggregations**

term(enriched_text.entities.text)

- 日本 (3,251)
- 東京 (1,613)
- 米 (1,074)
- 東京都 (1,051)
- 北海道 (789)
- 大阪 (717)
- 京都 (698)
- フランス (646)
- 韓国 (515)
- アメリカ (506)
- 中国 (486)
- 台湾 (448)
- 銀座 (443)
- 都内 (405)
- 世界 (340)
- 名古屋 (320)
- 関西 (313)
- 福岡 (309)
- 沖縄 (299)
- 九州 (294)

**Results**

Showing 10 of 36189 matching documents

> 札幌の"夜の締めパフェ"を、「パフェ、珈琲、酒、佐藤」で初体験。これは全国にも広がるべきものだ…！
> お正月明けの体が喜ぶ♪簡単すぎる「スープジャーおかゆ」弁当
> 砂糖少なくて済んじゃう♡栄養バッチリ『バナナクッキー』レシピ
> 身体の芯からあったまる！コトコト煮込む「#ロール白菜」
> 人気1位は？東京駅グランスタのお弁当やお土産スイーツのリアルランキング発表！｜【GINZA】東京発信の最新ファッション＆カルチャー情報 | FOOD
> 「ダイソー」のおにぎり用グッズ3選。コンビニ風"パリパリおにぎり"も作れちゃう
> ニンニクの芽は炒め物にぴったり！美味しさを引き立てる食べ方とは？
> 鶏むね肉がしっとり！鶏肉とせりの梅風味鍋【絶品鍋レシピ28days】
> Fateの世界を体感！伝統的素材「珪藻土」の限定コラボ魔法陣バスマット｜虫歯の辛い思い
> ヒマラヤ生まれのスーパーフード！シラジットとは？

**図5.18** クエリ機能の使用例2

国内では東京、北海道、京都、大阪が、海外ではフランス、韓国、アメリカといった国や都市が取り上げられているようです。

## 5.1.5　Discoveryを使う

　Discoveryのインスタンスを作成し、管理UIを使って文書の取り込み設定、取り込み、照会までを行えるようにしましょう。管理UIを使いこなすことで、Discoveryを手軽に試すことができます。

### ● Discoveryの環境を作成する

　まず、Discoveryのインスタンスを作成してみましょう。
　IBM Cloud（ URL https://cloud.ibm.com/ ）にログインし、ダッシュボードから「リソースの作成」ボタンをクリックします（ 図5.19 ）。

図5.19　ダッシュボード

　次に、カタログ画面から、作成対象のサービスを選択します。
　カタログ画面の左側にあるメニューから「AI」を選びます。すると、画面の右側に「AI」カテゴリーのものが絞り込まれるので「Discovery」をクリックします（ 図5.20 ❶❷ ）。

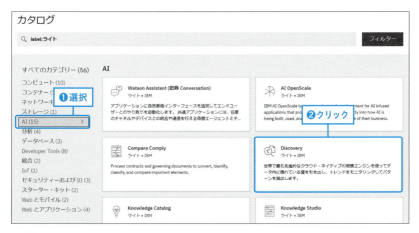

**図5.20** カタログ画面で「Discovery」をクリック

Discoveryに任意のインスタンス名を設定し（ここでは「Discovery-Book1」）、「デプロイする地域/ロケーションの選択」では「ダラス」を選択し、「作成」ボタンをクリックします（**図5.21** ❶❷❸）。

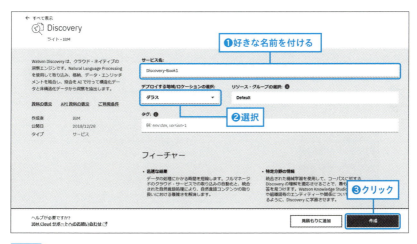

**図5.21** Discoveryサービスインスタンスの作成

Discoveryのサービス詳細画面から「ツールの起動」をクリックして、管理UIを起動します（**図5.22**）。

図5.22 サービス詳細画面

管理UIを起動すると、「Watson Discovery News」コレクションだけが存在している状態になります。管理UIから右上の設定ボタン（「Enviroment details」ボタン）（ ）をクリックし、続けて「Create environment」をクリックします（図5.23❶❷）。

図5.23 Discovery管理UI

プライベートデータ用のストレージをセットアップするかどうか確認されるので「Set up with current plan」をクリックして「Continue」をクリックします（図5.24❶❷）。

**図5.24** Environment作成ダイアログ

これでEnvironmentが作成されました。

管理UIの右上の設定ボタン（ ）をクリックすると、このサービスインスタンスで使えるストレージ容量を確認できます（**図5.25** ❶❷）。

**図5.25** Environmentの確認

これでDiscoveryを利用するための環境が準備できました。

## ● コレクションを作成する

環境の中に、コンテンツや文書、関連する情報を格納するためのコレクションを作成します。

管理UIから「Upload your own data」をクリックすると、「Name your new collection」画面が表示されます（**図5.26** ❶）。

「Collection name」には任意のコレクション名を入力します。ここでは「AI Policy」と入力しました。「Select the language of your documents」では、任意の言語を選択しますが、ここでは「Japanese」を選択しました（**図5.26** ❷❸）。各項目を入力および選択し「Create」ボタンをクリックするとコレクションが作成されます（**図5.26** ❹）。

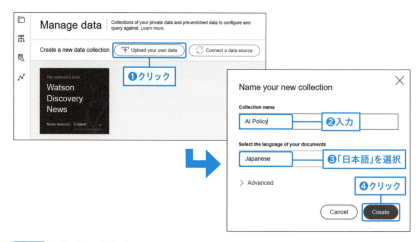

図5.26 Collectionの作成

　各項目を入力、選択し「Create」ボタンをクリックするとコレクションが作成されます。これでDiscoveryを使う事前準備が整いました。次節以降で、コレクションに文書を格納していきます（図5.27 ❶❷）。

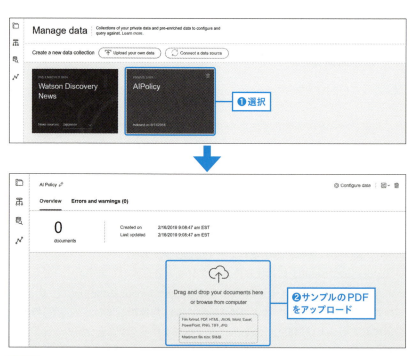

図5.27 コレクション作成後

## ● コレクションの管理画面

　コレクションを作成すると、コレクションの管理画面が表示されます。管理画面の概要は、 図5.28 のとおりです。

❶ UI上からの文書追加機能　　❹ コレクションの作成・更新情報
❷ コレクション内の文書数　　❺ 定義されているフィールド情報
❸ エラーになった文書数　　　❻ エンリッチ情報のサマリー

図5.28　コレクションの管理画面


## ● 文書を取り込むための Configration Data（構成）

　Discoveryに文書を取り込むための設定を行います。文書がどのようなフィールドを持っていて、そのフィールドに対してどのようなエンリッチを行うか、という設定です。何も特別な設定をしない場合は文書に含まれるテキストに対して「カテゴリーの分類」「概念のタグ付け」「エンティティーの抽出」「センチメント分析」のエンリッチメントが付与されるように、文書の取り込みが行われます。

　それでは実際に構成を設定してみましょう。
　まず、コレクションの管理画面の右上にある「Configure data」をクリックします（ 図5.29 ）。すると、「Configure Data」面が表示されます。
　以下では、Identify fields（フィールドの識別）、Manage fields（フィールドの管理）、Enrich fields（フィールドのエンリッチ）について説明します。

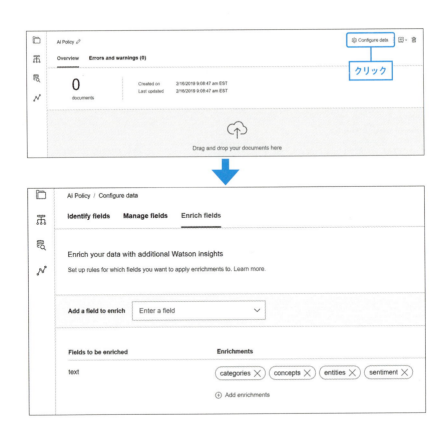

**図5.29**「Configure data」画面

● フィールドの識別

　文書にどのようなフィールドが含まれているかを、Smart Document Understanding（SDU） MEMO参照 という機能を用いて設定します。

>  **MEMO**
>
> ### SDU
>
> SDUとは2019年2月4日に正式リリースされた、Discovery内で文書に注釈を付けるための新機能です。次の章で説明するWatson Knowledge Studioの簡易版が組み込まれたイメージです。

　「Configure data」画面上の「Identify fields」をクリックすると、Identify

fields画面が表示されます（図5.30）。この画面は「SDUエディター」とも呼ばれます。

図5.30 「Identify fields」画面（SDUエディター）

登録済み文書の中から20文書が、設定対象の文書としてセットされます。一度にすべての文書を取り込む前に、設定対象として使いたい文書を先に取り込み、設定を行いましょう。

左側にページが表示されており、右側にはページに対応するフィールドラベルが表されています（図5.30）。

設定できるフィールドラベルは 表5.7 のとおりです MEMO参照 。

表5.7 使用可能なフィールド

| フィールド | 定義 |
| --- | --- |
| Answer | Q/AペアやFAQにおける、質問に対する答え |
| Author | 作成者の名前 |
| Footer | ページの下部に表示される、文書に関するメタ情報（ページ番号や参照など） |
| Header | ページの上部に表示される、文書に関するメタ情報 |
| Question | Q/AペアやFAQにおける、質問 |
| Subtitle | 文書の2次的なタイトル。文書ごとに1回のみ使用可能 |
| table-of-contents | 文書の目次 |
| Text | 標準のテキストに使用。タイトル、作成者などほかのフィールドに含まれない単語のセット |

(続き)

| フィールド | 定義 |
|---|---|
| Title | 文書のメイン・タイトル。文書ごとに1回のみ使用可能 |

出典：  https://cloud.ibm.com/docs/services/discovery/sdu.html#sdu

> **MEMO**
>
> **フィールドの設定**
>
> ライト・プランでは決められたフィールドだけ設定できますが、プランをアップグレードするとカスタム・フィールドの作成が行えます。また、ドキュメント内の画像ファイル（PNG、TIFF、JPEG）に含まれているテキストの抽出も行えるようになります。

「AI Policy コレクション」には、事前に Wikipedia から取得した AI に関する文書「最適化問題.pdf」「顔認識システム.pdf」をアップロードしています。「最適化問題.pdf」の1ページ目にtitle（タイトル）とtable_of_contents（目次）を、最後の5ページ目にfooter（フッター）をセットしてみましょう。

操作は非常に簡単で、右側のフィールドラベルを選択し、ページ内の対象箇所を選択するだけです（図5.31 ❶❷）。

1ページ分の設定が完了したら、右下の「Submit page」をクリックしてDiscoveryに情報を送ります（図5.31 ❸）。

図5.31 フィールドの設定作業

2ページ目から4ページ目は、textフィールドやHeaderなどが設定されていましたので、textに設定し直して「Submit page」をクリックして情報を送信します（筆者環境では2ページ目がSDUで読み込みできない状態だったため、3、4ページのみ「Submit page」しています）。

最後の5ページには1ページ目と同様の操作でfooterフィールドをセットし、情報を「Submit page」で送ります（図5.32）。

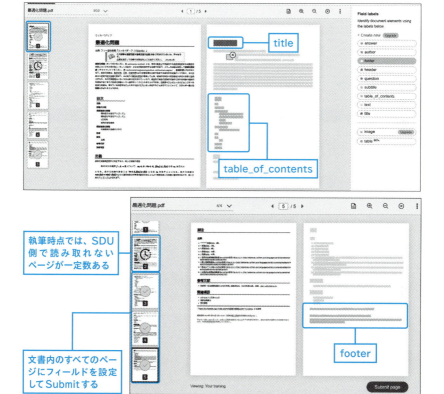

図5.32 1文書を設定して送信したあと

設定を送信すると、Discoveryがその設定情報を学習して、コレクション内のほかの文書に含まれるフィールドの予測をはじめます。フィールドの設定を行っていない別の文書「顔認識システム」を開いてみましょう（図5.33）。

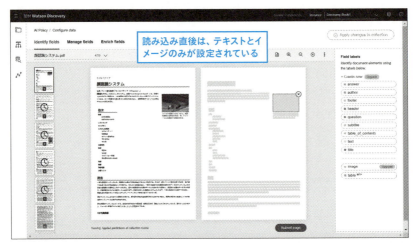

図5.33 Discoveryがフィールドの予測を行う様子

　Discoveryが目次やフッターの設定をしていますが、タイトルが設定されていない、目次の設定が不十分、フッターの設定箇所が正しくない、といった問題があります。正確な予測ができるように、正しい情報を設定していきましょう。

> **MEMO**
>
> **取り込み可能なファイル形式**
>
> Discoveryのライトプランで取り込み可能なファイル形式は「PDF、HTML、JSON、Word、Excel、PowerPoint」ですが、SDUエディターでは非構造化データである「HTML、JSON」に対する設定が行えません。「HTML、JSON」へフィールドの設定を行う場合は、APIを利用して行いましょう。

## ● フィールドの管理

フィールドの管理画面では、次の2つを設定します。

- 対象フィールドを、インデックスとして扱うか
- 1つの文書を、対象フィールド単位で分割して処理するか

「Configure data」画面の「Manage fields」タブをクリックします（図5.34❶）。「Manage fields」タブの左側にはそのフィールドを検索用のインデックスとして使うかの設定を行います。デフォルトではすべてのフィールドがインデックスの対象となっています。たとえば、「footer」フィールドがどの文書でも共通しているような場合、検索対象としては不要と考えられるため「On」から「Off」に切り替えます。

「Manage fields」タブの右側では、文書を分割する設定を行えます。「Split document」をクリックすると設定画面が表示されます（図5.34❷）。

1つの文書に複数の「Subtitle」フィールドがあり、そこで分割したほうが検索精度が向上するようなケースでは「Subtitle」フィールドを設定します（図5.34❸）。文書は「Subtitle」が出現するたびに分割され、複数の文書として扱われます。

今回は「footer」フィールドを「Off」にして取り込みを行います。

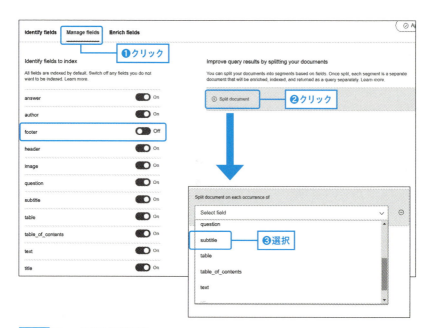

**図5.34** フィールドの管理画面

## ● Enrich、エンリッチの設定

「Enrich fields」タブをクリックすると、エンリッチの設定画面が表示されます（図5.35 ❶）。デフォルトでは、textフィールドに「エンティティ」「センチメント」「カテゴリー」「コンセプト」のエンリッチメントが設定されています。

画面上の「Add enrichments」をクリックするとtextフィールドのエンリッチメントを設定できます（図5.35 ❷）。

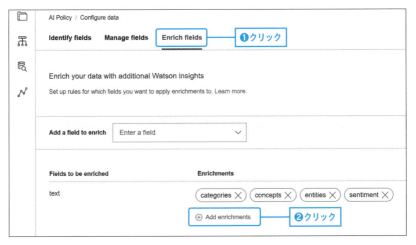

**図 5.35** フィールドのエンリッチ画面

エンリッチの設定画面から、エンリッチメントの追加、削除を行います（図5.36）。

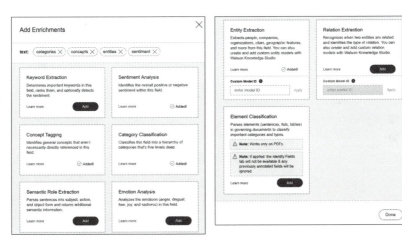

**図 5.36** エンリッチの設定画面

　WKS連携のエンリッチメントは「Entity Extraction」「Relation Extraction」で設定できます。WKSから取得したCustom Model IDを入力し、「Apply」をクリックするだけで設定が行えます（図5.37 ❶❷）。Custom Model IDの取得方法は195～199ページで説明します。今回は「Keyword Extraction」「Relation Extraction」「Semantic Role Extraction」を追加して「Done」をクリックしました。

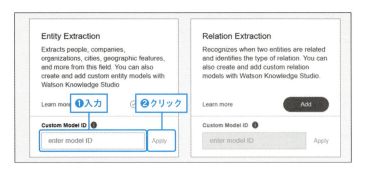

図5.37 WKS連携エンリッチメントの設定

　最後に、Identify fields（フィールドの識別）、Manage fields（フィールドの管理）、Enrich fields（フィールドのエンリッチ）の3つの画面で設定した内容をコレクションに反映させるために画面右上の「Apply changes to collection」をクリックし、文書をアップロードして設定を適用します（図5.38 ❶❷）。このときアップロードする文書は、設定のためにアップロードしたものと同じ文書でかまいません。

図5.38 Configure Data 設定内容の適用

　これで構成の設定は完了です。文書を取り込む準備が整いました。

## ● 文書の取り込み

　管理UIのトップ画面から文書の取り込みを行います。「Upload document」

をクリックします（図5.39 ❶〜❺）。取り込みが完了すると、取り込み件数、エンリッチメントのサマリー情報が表示されます。

サマリー情報から、「Identify fields」（フィールドの識別）画面で設定したフィールドが追加されていること、「Enrich fields」（フィールドのエンリッチ）画面で設定したエンリッチが行われていることがわかります。

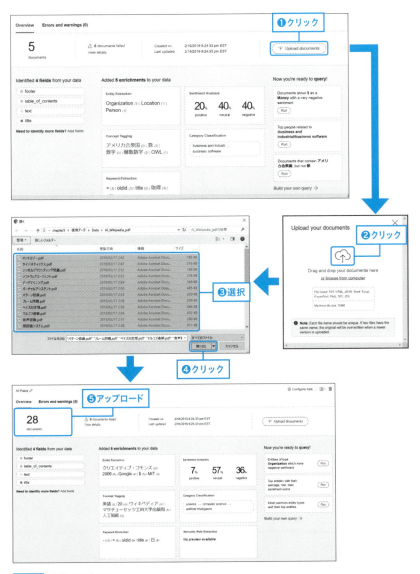

図5.39 文書の取り込み

## ● 文書の検索

　管理UIから取り込んだ文書の検索を行います。「Build queries」をクリックして、クエリーを選択してから「Get started」をクリックします（図5.40 ❶❷❸）。Discoveryには文書の検索をサポートするUIも準備されています。

図5.40　文書検索用の画面

　文書検索用の画面を使うと、「5.1.4　クエリ機能」で解説した検索パラメーターや構造パラメーターを使った検索が、簡単に組み立てられます（図5.41）。

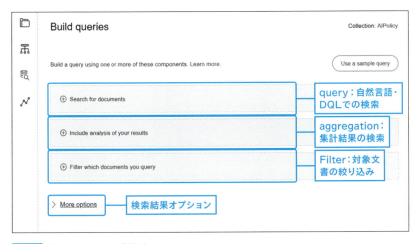

図5.41 管理UIからの文書検索

「Search for documents」では、「自然言語での検索」（Use natural language）か、「DQLでの検索」（Use the Discovery Query Language）のいずれかを選択します（図5.42）。

図5.42 検索方法の指定

自然文で検索条件を入力してから「Run Query」をクリックすると、右側のペインに検索結果が表示されます（図5.43）。

**図5.43** 自然文での検索結果

　DQLで検索条件を指定する場合は、検索条件指定の補助機能が利用できます。「Build in visual mode」をクリックし、「Field」「Operator」「Value」のドロップダウンメニューから値を選んで検索条件の作成が可能です（**図5.44** ❶❷）。

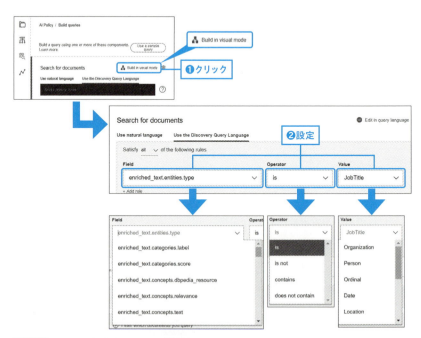

**図5.44** DQLでの検索条件指定の補助機能

検索条件は、「＋Add rule」「＋Add group of rules」をクリックして増やすこ
とも可能です（図5.45）。

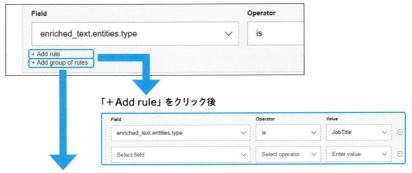

図5.45 DQLでの検索条件指定の補助機能

　管理UIで設定した検索条件は、APIに渡すクエリのパラメーターとして管理
UI上に表示されます（図5.46）。実際にシステム開発を行う際に、非常に有用な
機能です。

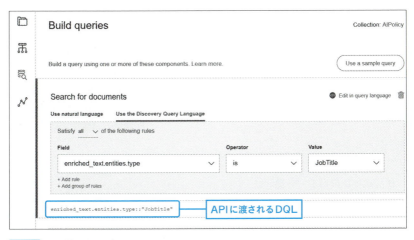

図5.46 API用DQLの表示

また、管理UIの「Edit in query language」をクリックすると、手動でDQLを生成されます（図5.47）。

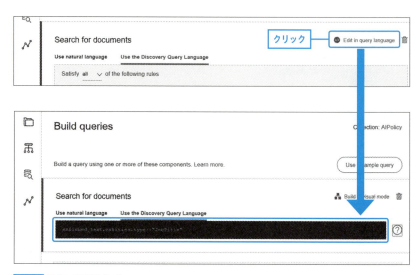

図5.47　DQLの手動生成

　検索結果をJSON形式で確認することもできます。検索結果ペイン上部の「JSON」をクリックすると、結果がJSON形式で表示されます。このとき、DQLで指定したフィールドがハイライトされていることがわかります（図5.48）。

図5.48　検索結果の表示

　集計結果の取得を行う場合は、「Include analysis of your results」セクションをクリックします（図5.49）。集計関数を使って、文書の分析結果を取り出します。

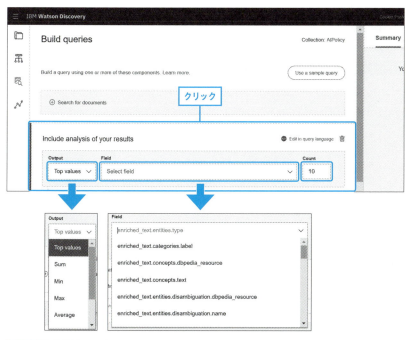

**図5.49** 集計関数の設定

　対象文書を絞り込むには「Filter which documents you query」セクションをクリックします（**図5.50**）。文書数が多いときは、まずフィルター（Filter）を使って文書を絞り込むとよいでしょう。ここでのDQL作成方法は、163ページで説明した「Search for documents」と同様です。

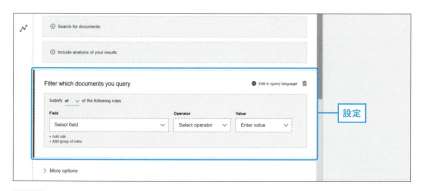

**図5.50** 検索対象を絞り込む設定

「More options」をクリックすると、検索結果の表示をカスタマイズできます（図5.51）。

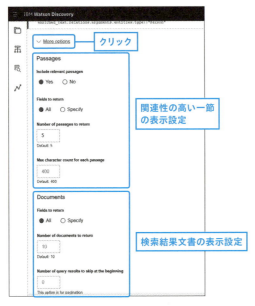

図5.51 検索結果の表示設定

「Passage」（関連性の高い一節）の表示設定、検索結果文書の表示設定を行い、「Run query」をクリックして検索結果を確認してみましょう（図5.52）。

**図5.52** 検索条件と検索結果

　ここまでで、インスタンスの作成、コレクションの作成、文書の取り込み設定と取り込み、照会の一連の操作を確認できました。

# 5.2 Watsonをカスタマイズする Knowledge Studio

Watsonで特徴的なのは、用途に応じてカスタマイズ可能なところです。本節では、Watsonをカスタマイズするうえで重要なKnowledge Studioについて（図5.53）、概要を解説します。

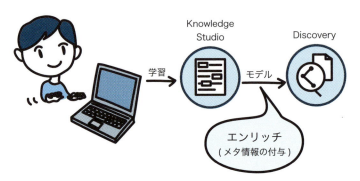

図5.53 Watson Discovery

## 5.2.1 Knowledge Studioとは

Knowledge Studioとは、ひと言でいえば「Watsonに言葉を教えるためのツール」です。事前学習済みのNLUを用いたエンリッチはすぐに利用可能で非常に手軽ですが、業務に特有の言い回しや用語が多い場合は十分な効果が現れないこともあります。そこでWatson Knowledge Studioの出番です。WKSを利用することで、対象業務に特化した単語、用語、言い回しをWatsonで扱えるようになります（図5.54）。

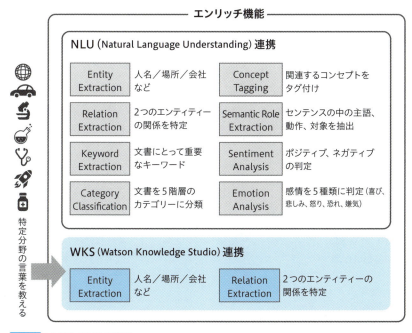

図5.54 NLUとWKSの機能

　Discoveryのエンリッチ機能（エンティティー、リレーション）も、WKSと連携することで業務特有の用語、言い回しに対応できるようになります。

## ● 言葉を教える2つの方法（モデル）

　WKSはWatsonで業界特有の用語や言い回し、用語同士の関係を解析するためのモデルを作成します。モデルの作り方には「機械学習」と「ルールベース」の2つの方法があります（図5.55）。

　機械学習では、「○○さんと一緒に外出する」「○○さんに質問をする」といった人名を扱う文章や、「○○で開催される」「○○にある工場」といった地名を扱う文章に人がタグ付け（アノテーション）を行います MEMO参照 。

　ルールベースでは、「○○さん」のように「名詞＋さん」であれば○○は「人名」。「○○で開催される」のように係り受けを持つものは○○は「地名」。といったルールを1つずつ定義していきます。

| 人名 | **秋田**さんと一緒に訪問予定です。 |
| 地名 | **秋田**で開催されるイベントです。 |

### 機械学習

**人名**
「秋田さんと一緒に訪問予定です」
「秋田さんは研修に出席しています」
…

**地名**
「秋田で開催されるイベントです」
「新幹線で秋田まで行きました」
…

**特徴**
・難しい定義作業は不要
・学習に使うサンプルデータの準備が必要
・サンプルのタグ付けは業務に詳しい人が行う
・推論と統計に基づくためデバッグが難しい

### ルールベース

**人名**
「○○さん」のように名詞に「さん」が続く場合は「人名」

**地名**
「開催される」と係り受けがあるものは「地名」
「○○まで行きました」が付く場合は「地名」

**特徴**
・正規表現の利用など、定義作業が難しいことがある
・定義するルールが少なければはじめやすい
・ルールですべてを定義すると複雑度が増し、規模が大きくなるほどメンテナンスは困難になる
・結果はルールに基づくためデバッグは容易

**図5.55** 機械学習とルールベース

　機械学習の特徴は、人がサンプルデータにタグ付けをしてモデルを作るため難しい定義作業は不要であること、一方で結果に対する原因の把握が難しいことが挙げられます。ルールベースの特徴は、正規表現の利用などルールの定義が難しい場合がある、ルールですべてを定義すると複雑度があがりメンテナンスが困難になる場合があることなどが挙げられます。

 **MEMO**

**アノテーション**

「アノテーション（annotation）」には「注釈」「注釈を付ける」という意味があります。本書では「一定量のテキストに情報を付与する」という意味で使用しています。

## ● WKSで判断できるようになること

　WKSで判断できるようになる情報は、次の3つです。

1. **エンティティー**（Entitiy）

2. **関係性**（Relation）
3. **同一性**（Coreference）

この中で、Discoveryと連携できるものは1.のエンティティー、2.の関係性になります。この2つについてはDiscoveryのエンリッチ機能で解説していますので説明は省略します。

異なる2つのエンティティーで同じものを示すエンティティーがある場合、それが同じかどうかを表します。関係性は1つの文でのエンティティー同士の関係を表しますが、同一性は文をまたいでの定義が可能です。

### 5.2.2　モデル作成に必要な作業とその流れ

機械学習モデルを作るために必要な作業や、実際にどのような操作を行うかについて、代表的な画面を見ながら紹介していきます（図5.56）。

図5.56　学習モデルの作成フロー

### 5.2.3　Knowledge Studioを使う

Knowledge Studioのインスタンスを作成します。

## Knowledge Studioの環境を作成する

Knowledge Studioのインスタンスを作成してみましょう。

Discoveryで作成したときと同じようにカタログ画面にしたら、カタログ画面の左側にあるメニューから「AI」を選び、「Knowledge Studio」をクリックします（図5.57 ❶❷）。サービス名を設定し、「デプロイする地域/ロケーションの選択」では「ダラス」を選択し、「作成」ボタンをクリックします（図5.57 ❸❹❺）。

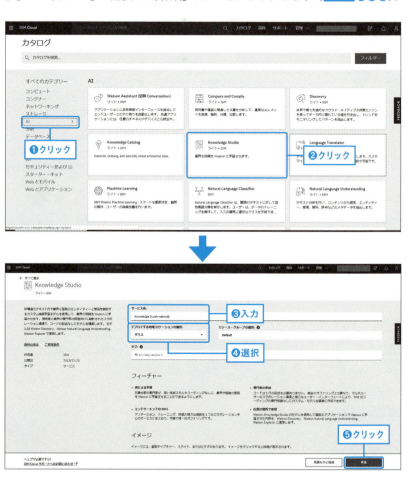

図5.57 Knowledge Studioのインスタンス作成（1）

続いて、Knowledge Studioのサービス詳細画面から「ツールの起動」をクリックして、管理UIを起動します（図5.58 ❶）。Workspacesで「Create Work space」をクリックします（図5.58❷）。画面が切り替わったら、「Workspace name」に名前を入力し、「Language of documents」では使用する言語を選択し、「Create」をクリックします（図5.58❸❹❺）。

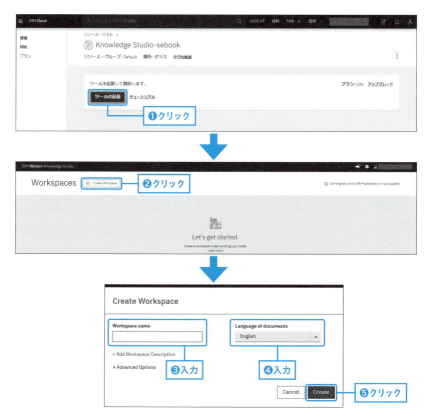

図5.58 Knowledge Studioのインスタンス作成（2）

## ● 事前準備

### タイプシステムの設計

　機械学習とルールベースのどちらのモデルを作るにしても、先に行わなければならないのは、Watsonに何を教えるかという「タイプシステムの設計」です。どのようなエンティティーや、どういったエンティティー同士の関係を見分けられるようになりたいかを設計し、WKS上で定義します。

　対象とする文書の性質はどのようなものか、そこから抽出したいのはどういった内容なのかを、具体的なイメージを明確にしてから設計することが大切です。

表示された「Entity Types」画面で、エンティティー・タイプを作成します。

本書では、説明をしやすくするため、Watson Knowledge Studioのチュートリアルのページからen-klue2-types.json（ URL https://watson-developer-cloud.github.io/doc-tutorial-downloads/knowledge-studio/en-klue2-types.json）のファイルをダウンロードして利用しています。このファイルには、KLUE タイプ・システムが含まれています。「Assets」から「Entity Types」をクリックします（図5.59 ❶❷）。 をクリックして、en-klue2-types.jsonを選択し、「Upload」をクリックします（図5.59 ❸❹）。アップロードされたタイプ・システムがテーブルに表示されます（図5.59 ❺）。変更する場合は、右の「Edit」をクリックして必要に応じて編集してください。

次に「Relation Types」画面で、作成したエンティティー・タイプをリレーションタイプ「First Entity Type」および「Second Entity Type」に指定します。

本書ではen-klue2-types.jsonを読み込んでいるのですでに設定されています（図5.60）。変更する場合は、右の「Edit」をクリックして必要に応じて編集してください。

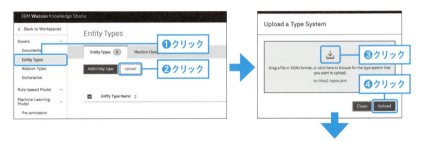

図5.59 エンティティー・タイプの作成画面

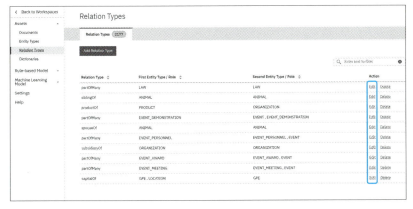

図5.60 リレーションタイプの作成画面

## 辞書の追加

対象文書の中で同じものとして扱う単語や句をグループ化したものを、辞書として取り込みます。「Lemma」(見出し語・代表となる語)、「Surface Forms」(同義語)、「Parts of Speech」(品詞種別) を定義します。

モデル作成に必須の作業ではありませんが、辞書を使うと以降の作業が容易になります。「Create Dictionary」ボタンをクリックし、辞書の名前を入力します (図5.61 ❶❷)。ここでは「Sample dictionary」と入力しました。「Save」ボタンをクリックすると辞書が作成されます (図5.61 ❸)。

図5.61 辞書の登録 (1)

登録した辞書が、どのエンティティー・タイプにあたるかを「Entity Type」から選択して設定します。ここには、事前に登録している「Entity Type」が表示されるため、エンティティー・タイプが登録されていない場合は、何も出てきません (図5.62 ❶)。

「Add Entry」をクリックすると、辞書に単語を登録する行が追加されます

（図5.62❷）。まず「Surface Forms」に単語を登録します。ここでは一番上の行に登録した単語が、Lemma（見出し語・最も代表的な単語）として扱われます。他にも同じ意味を表す単語がある場合、2行目以降に追加していきます（図5.62
❸）。単語の「Parts of Speech」（品詞種別）をリストから選択し、「Save」ボタンをクリックすると単語が登録されます（図5.62❹❺、表5.8）。

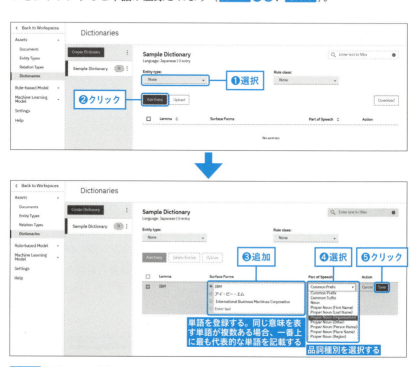

図5.62 辞書の登録 (2)

> **MEMO**
>
> ### Rule Class
>
> ルール・ベース・モデルの作成に辞書を使う場合は、「Entity Type」の隣の「Rule Class」からルールを選択できます。ルールを定義する画面からも、使用する辞書を選択できます。
> 専門用語、製品名や製品型番など、大量の辞書登録が必要なケースもあります。そのような場合はCSVファイルを作成し、一括で辞書として取り込めます。CSV形式で辞書を定義する場合は、品詞を「poscode」というあらかじめ定義された数値で設定を行います（図5.62、表5.8）。

表5.8 Parts of Speechとposcodeの対応表

| Parts of Speech | 意味 | poscode |
|---|---|---|
| Noun | 名詞 | 19 |
| Common Prefix | 一般的な接頭語 | 23 |
| Common Suffix | 一般的な接尾語 | 24 |
| Proper Noun (Last Name) | 固有名詞（姓） | 140 |
| Proper Noun (First Name) | 固有名詞（名） | 141 |
| Proper Noun (Person Name) | 固有名詞（個人名） | 146 |
| Proper Noun (Organization) | 固有名詞（組織） | 142 |
| Proper Noun (Place Name) | 固有名詞（場所の名前） | 144 |
| Proper Noun (Region) | 固有名詞（地域） | 143 |
| Proper Noun (Other) | 固有名詞（その他） | 145 |

### 辞書の取り込み

専門用語、製品名や製品型番など、大量の辞書登録が必要なケースもあります。そのような場合はCSVファイルを作成し、一括で辞書として取り込めます。CSV形式で辞書を定義する場合は、品詞を「poscode」というあらかじめ定義された数値で設定を行います（図5.63）。

**CSVサンプル　※1行目は固定のタイトル行**

```
"lemma","poscode","surface"
"IBM", "142", "IBM", "アイ・ビー・エム", "International Business Machines Corporation"
"Google", "142", "Google", "Google Inc.", "グーグル"
"Apple ", "142 ", "Apple", "Apple Inc.", "アップル"
"Microsoft", "142", "Microsoft", "Microsoft Corp. ", "MS", "マイクロソフト"
```

**poscodeの値**

```
19 － 名詞
23 － 一般的な接頭語
24 － 一般的な接尾語
140 － 固有名詞（姓）
141 － 固有名詞（名）
146 － 固有名詞（個人名）
142 － 固有名詞（組織）
144 － 固有名詞（場所の名前）
143 － 固有名詞（地域）
145 － 固有名詞（その他）
```

図5.63 辞書CSVのフォーマット

本書では、説明をしやすくするため、Watson Knowledge Studioのチュート

リアルのページから dictionary-items-organization.csv（ URL https://watson-developer-cloud.github.io/doc-tutorial-downloads/knowledge-studio/dictionary-items-organization.csv）ファイルを、ダウンロードして利用しています。このファイルには、辞書の用語がCSV形式で含まれています。

「Create Dictionary」をクリックし、「Test Dictionary」と入力してから「Save」をクリックします（図5.64 ❶❷❸）。「Test Dictionary」を選択して（図5.64 ❹）、「Upload」をクリックします。 をクリックして、「dictionary-items-organization.csv」を選択し、「Upload」をクリックします（図5.64 ❺❻❼）。

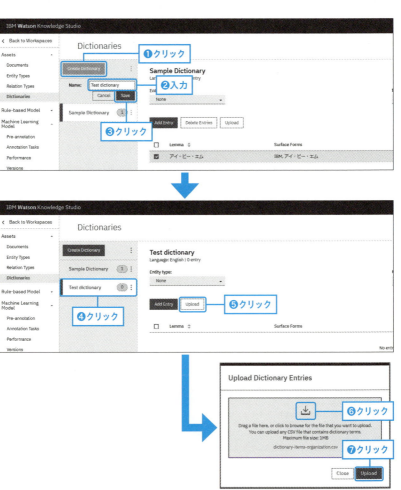

図5.64 辞書の取り込み（1）

アップロードされた辞書が表示されます（図5.65）。Entityを変更する場合は、右の「Edit」をクリックして必要に応じて編集してください。

図5.65 辞書の取り込み（2）

## ● 機械学習モデルを作成する

機械学習モデルを作成するためには、以下の作業が必要になります。

- 文書セットのアップロード
- アノテーションセット MEMO参照 の作成
- 事前アノテーション MEMO参照 （オプション）
- ヒューマンアノテーション MEMO参照 用タスクの作成
- ヒューマンアノテーションの実施
- ヒューマンアノテーション実施結果の確認
- ヒューマンアノテーションの競合解消

>
> **MEMO**
>
> **アノテーションセット、事前アノテーション、ヒューマンアノテーションについて**
>
> **アノテーションセット**
> アノテーションセットとは、ヒューマンアノテーター(アノテーションを行う人)に割り当てるために文書セットを分割したものです。
>
> **事前アノテーション**
> 事前アノテーションとは、アノテーション対象の文書に1から人がアノテーションを行う労力を減らすため、あらかじめアノテーションを行う作業のことです。
>
> **ヒューマンアノテーション**
> ヒューマンアノテーションとは、人が文書を見てアノテーションを行うことです。

一定ボリュームの文書にアノテーションをする作業は簡単でないことも多いため、アノテーションの作成は、複数人で行うこともよくあります。そのため、文書やタスクを分けられるようになっています(図5.66)。また、アノテーションが競合(同じ句に異なるアノテーションがされている)状態を解消するためのフローが組み込まれています。ライト・アカウントでは、複数人でのアノテーション作業が行えないため、本書ではヒューマンアノテーションの競合解消の説明は割愛します。

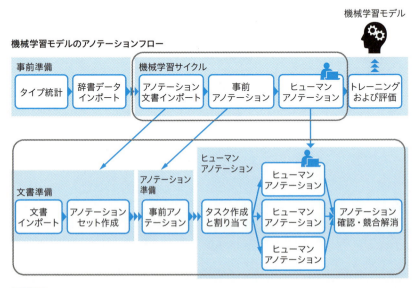

図5.66 ヒューマンアノテーションの詳細

また、単純な辞書で定義できるようなアノテーションなどは、ヒューマンアノテーション実施前に事前にアノテーションできる仕組みも準備されています。

事前アノテーションに使えるのはNLUを使った「NLUアノテーター」、あらかじめ取り込んでいる辞書を使った「辞書アノテーター」、作成済みのルールベースモデルを使う「ルールベースアノテーター」、作成済みの機械学習モデルを使う「機械学習アノテーター」の4つがあります（ 図5.67 ）。

| NLU※ アノテーター | エンティティーについてメンション<br>○：幅広い一般知識に関する文書<br>×：特定分野の専門的な文書 |
| --- | --- |
| 辞書 アノテーター | エンティティー・タイプについてメンション<br>○：用語だけで判断できるエンティティー・タイプ<br>×：文脈も含め判断が必要なエンティティー・タイプ |
| ルールベース アノテーター | ルールベースモデルを使用した自動アノテーション<br>ルールベースモデルが作成済みの場合のみ利用可能<br>○：意味取り出しできる共通パターンが多い場合 |
| 機械学習 アノテーター | 機械学習モデルを使用した自動アノテーション<br>機械学習モデルが作成済みの場合のみ利用可能<br>○：利用する機械学習モデルのトレーニングデータとアノテーション対象文書が似ている場合 |

※Natural Language Understanding を使った事前アノテーションは、本書執筆時点では日本語は対象外。

図5.67 事前アノテーション

では、実際の画面を見ながら作業のイメージをつかんでみましょう。

### 文書セットのアップロード

最初は文書セットのアップロードです。

「Documents」画面で「Upload Document Sets」ボタンをクリックして、アップロード画面を表示させます。「Add a Document Set」画面が表示されたら、アップロードするファイルをドラッグ＆ドロップし、「Upload」ボタンをクリックします（ 図5.68 ❶❷❸ ）。

このとき、ファイル名の文字コードがUTF-8でないとエラーになるので注意してください。

なお本書では、本書のダウンロードサンプルの「documents-new.csv」や、Wikipedia上にある草津温泉に関する情報をテキスト化した「草津温泉情報.txt」を利用しています。

**図5.68** 文書セットのアップロード

### アノテーションセットの作成

次に、アノテーションセットを作成します。

「Documents」画面上の「Create Annotation Sets」をクリックするとアノテーションセットを作成するためのダイアログが表示されます。

「Base set」には、ベースにする文書セットを選択します。「All」を選択するとすべての文書セットが対象となります。

「Overlap」では、作成中のアノテーションセットを分割する場合に、文書を重複させる割合を設定します。ベースセットの文書が30文書でOverlapを20％にすると、6文書が重複、つまり全員がアノテーションする対象となります。この場合、アノテーションセットを3つに分割すると、30文書のうち6文書は3人全員に、残りの24文書は3等分されて8文書ずつ振り分けられます。それぞれ6+8で14文書ずつアノテーションを行うことになります。Overlapを0％にした場合は文書の重複なしとなるため、1人10文書ずつ3人で30文書のアノテーションを行います。

「Annotator」では、アノテーションを行うユーザーを選択します。

「Set name」には、わかりやすい名称を設定します。この名称は、作成後は変更できません（図5.69 ❶〜❻）。

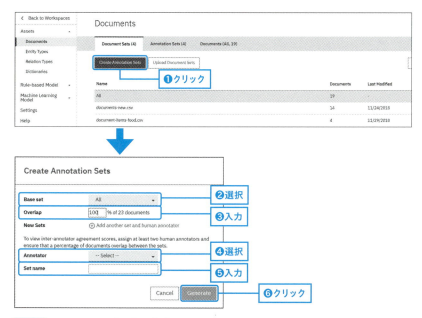

図5.69 アノテーションセットの作成

　複数人でアノテーションを行う場合は、「Create Annotation Sets」画面の「Add another set and human annotator」をクリックします。「Annotator」「Set names」の項目が追加され、複数のユーザーをアノテーターとして追加することができるようになります（図5.70 ❶❷）。

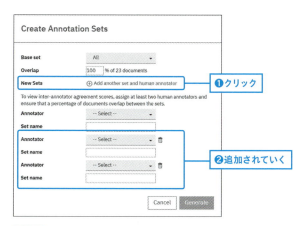

図5.70 複数のアノテータを割り当てるアノテーションセットを作成する場合

**MEMO**

**アノテーション**

1つのアノテーションセットを複数のヒューマンアノテーターで対応する場合は、自分以外のユーザーを追加する必要がありますが、ライト・プランではサポートされていない機能です。

### 事前アノテーション（オプション）

次に、事前アノテーションを行います。ここでは辞書を使った事前アノテーション画面を紹介します。

事前に取り込んである辞書を選択し、アノテーション対象を選択するだけで事前アノテーションが完了します。

最初に、左側のメニューの「Machine Learning Model」の下にある「Pre-annotation」を選択します。「Pre-annotation」画面の「Dictionaries」タブをクリックし、「Apply This Pre-annotator」をクリックします。

「Apply This Pre-annotator」がクリックできない場合は、画面下部の「Dictionary Mapping」で、辞書に対応する「Entity Type」を選択してください。

「Run Annotator」画面が表示されたら、事前にアノテーション対象の文書セットを選択し、「Run」ボタンをクリックすると事前アノテーションが完了します（図5.71 ❶～❻）。

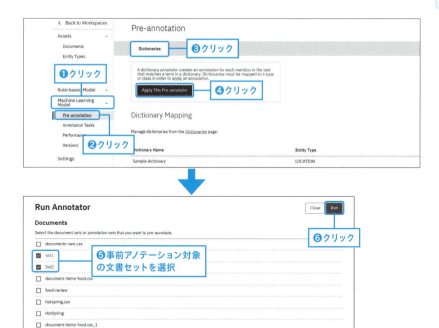

**図5.71** 事前アノテーションの実施

　ここで行った事前アノテーションを、アノテーションタスクに割り当てて開くと、図5.72のようになります(操作方法は、189ページで解説します)。

**図5.72** 事前アノテーションの実施結果

## ヒューマンアノテーション用タスクの作成

　事前アノテーションのあとは、ヒューマンアノテーターがアノテーションを実

施するためのアノテーションタスクを作成します。

左側のメニューの「Machine Learning Model」の下の「Annotation Tasks」を選択します。「Annotation Tasks」画面の「Add Task」ボタンをクリックすると、同じ画面上に「Task name」(「Task name」をHotSpring_Kantoとしている) と「Deadline」を設定する領域が表示されるのでそれぞれ入力し、「Create」ボタンをクリックします (図5.73 ❶〜❹)。

「Add Annotation Sets to the Task」画面が表示されるので、対象とするアノテーションセットを選択し、「Create Task」をクリックして完了です (図5.73 ❺❻)。

**図5.73** アノテーションタスクの作成

### ヒューマンアノテーションの実施

作成したアノテーションタスクを開き、割り当てられたアノテーションセット

に含まれる文書に、アノテーション担当者がエンティティーやリレーションの設定を行います。

左側のメニューの「Machine Learning Model」の下にある「Annotation Tasks」を選択し、「Annotation Tasks」画面で設定対象のアノテーションタスクをクリックします（ここでは「HotSpring_Kanto」をクリックしました）。

次に、タスク内のアノテーションセットから対象のアノテーションセットの「Annotate」ボタンをクリックすると、アノテーションセット内の文書リストが表示されます。アノテーション対象文書名の右のほうにある「Open」ボタンをクリックすると、アノテーション対象文書が表示されます（図5.74 ❶ ～ ❹）。

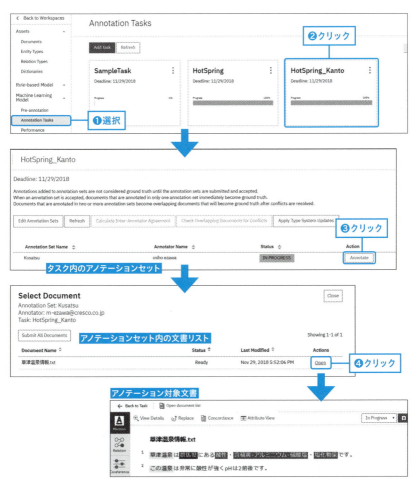

図5.74 アノテーション対象文書の表示（この時点では「アノテーション対象文書」のマーカーは付いてない状態）

WKSで学習させられるのは、「エンティティー（Entitiy）」「関係性（Relation）」「同一性（Coreference）」の3つです。それぞれのアノテーション作業を見てみましょう。設定手順は非常に簡単で、初めての人でも簡単に操作できるUIになっています。この設定画面を「**グランドトゥルース・エディター**」と言います。

エンティティーの設定画面では、最初に設計したエンティティー・タイプを文書内の語句に対して行っていきます。図5.75は語句にエンティティーが設定された状態です。

図5.75 グランドトゥルース・エディター

語句にエンティティーを設定するには、文章中のエンティティーを設定したい語句のエリアをドラッグして選択状態にし、右側の「Entitiy」タブの下の「Type」にあるエンティティー・タイプをクリックします。設定はこれで完了です（図5.76 ❶❷❸）。

図5.76 エンティティー設定の方法

次に、エンティティー設定を行った語句同士の関係性を定義していくリレーション設定を見ていきます。

設定画面左上部の「Relation」ボタンをクリックするとグランドトゥルース・エディターがリレーション設定モードになります（図5.77 ❶❷❸）。

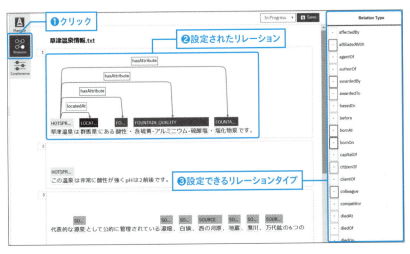

図5.77 リレーション設定モード

図5.77 はリレーションが設定された状態です。エンティティーとエンティティーが線で結ばれ、その関係を表すリレーションタイプが表示されています。

リレーションの設定方法も、エンティティー同様非常に簡単です。リレーションを設定したいエンティティーを2つ選んで、その関係を右側のリレーションタイプから選択します。エンティティーを2つ選ぶと、そのときリレーションタイプの一覧は、選択したエンティティーによって設定できるものだけが絞り込まれた状態になっています。ここでは「locatedAt」（〜という場所にある）というリレーションタイプに絞り込まれています。

これでエンティティー間のリレーションが設定されました（図5.78 ❶❷❸）。

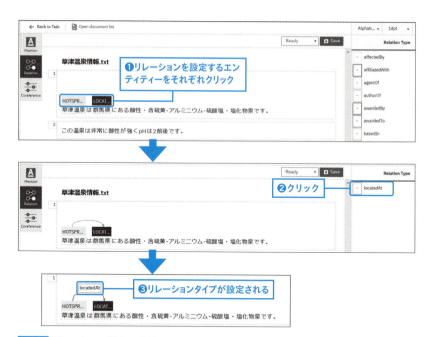

**図5.78** リレーション設定の方法

　最後に、異なる語句が同じものであることを示す同一性の設定画面について見ていきましょう。

　グランドトゥルース・エディター左上部の「Coreference」ボタンをクリックすると同一性設定モードで表示されます（ 図5.79 ）。

**図5.79** 同一性設定モード

　 図5.79 では「草津温泉」と「この温泉」の両方に「#3」と番号（ID）が小さく振られています。語句に同一の番号が付いている場合、同じものであることを示し

ています。

　同一性を設定するには、同一のものとして扱いたいエンティティーをクリックして選択状態にしてから、再度選択したエンティティーのいずれかをクリックします。これで語句の下に同じ番号が付き、右側の「Coreference Chains」（同一指示チェーン）に同一性が設定された語句が表示されるようになります（図5.80 ❶❷❸）。同一性が設定された語句が表示された状態が❹の画面となります。

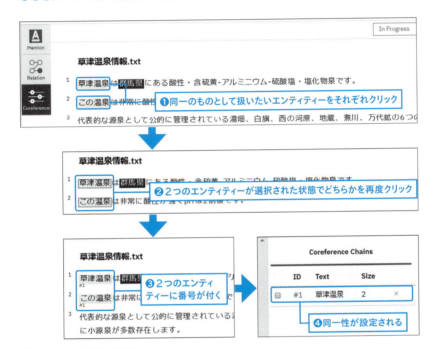

図5.80 同一性設定の方法

　それぞれの設定が完了したら、画面右上のステータスを「Complete」に変更し、「Save」ボタンをクリックして保存します。これでアノテーションは完了です。最後に、「Back to Task」をクリックしてアノテーションタスクに戻ります（図5.81 ❶❷❸）。

**図5.81** 同一性設定の完了

アノテーションタスクのアノテーションセット一覧画面に戻ると、ステータスが「SUBMITTED」になっており、ユーザーによるアノテーションタスクの完了が管理者に送信された状態になります（図5.82）。

**図5.82** アノテーション完了の確認

このあと、管理者が承認するタスクにチェックを入れ、「Accept」をクリックしてからアノテーションタスクの結果を承認すると、ステータスが「COMPLETED」となり、アノテーション作業は完了です。

> **MEMO**
>
> **ヒューマンアノテーション**
>
> ヒューマンアノテーションでは、人によって異なるアノテーションが行われることもあります。同じ文書に対して、アノテーション結果が大きく異なる場合は差し戻しをして再度アノテーション作業を行います。アノテーションを行うにあたっては、明確なガイドを設けておくことが大切です。

WKSを使ってDiscoveryに業界・業務特有の言葉を学習させるヒューマンアノテーションの流れを説明しました。

実際に機械学習モデルを利用するためには、このあと一定量の文書でモデルのトレーニングと評価を行ってからDiscoveryやNLUとの連携を行います。

### モデルのトレーニング

アノテーションが完了したら、最後にモデルの機械学習モデルのトレーニングを行います。

左側のメニューの「Machine Learning Model」の下の「Performance」を選択し、表示された「Performance」画面上の「Train and evaluate」ボタンをクリックします（図5.83 ❶❷）。

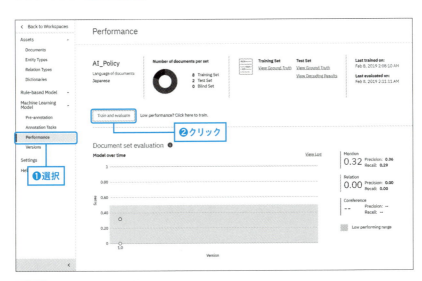

図5.83 機械学習モデルのパフォーマンス画面

トレーニングデータ、テストデータ、ブラインドデータの一覧画面で「Edit Settings」ボタンをクリックし、トレーニングに使う文書セットを選択します（図5.84 ❶❷）。文書セットには、少なくとも10個のアノテーション済み文書が含まれていなければなりません。

文書セットを選択したら「Train」ボタンをクリックし、モデルのトレーニングを行います（図5.84 ❸）。

**図5.84** 機械学習モデルのトレーニングデータ設定

右上に緑色のSuccessメッセージが表示されれば、トレーニングは完了です（ 図5.85 ）。

アノテーションの数や文書に含まれる単語の数によってトレーニング時間は異なりますが、短くて数分、長ければ数時間かかることもあります。

**図5.85** 機械学習モデルのトレーニング完了

左側のメニューの「Machine Learning Model」の下の「Versions」を選択すると、Version 1.0の機械学習モデルができています（図5.86❶）。Version 1.0のモデルをDiscoveryやNLUで使うために、新しいバージョンを作りましょう。

「Version」画面上の「Create Version」ボタンをクリックするとダイアログが出てきますので、「OK」をクリックします（図5.86❷❸）。

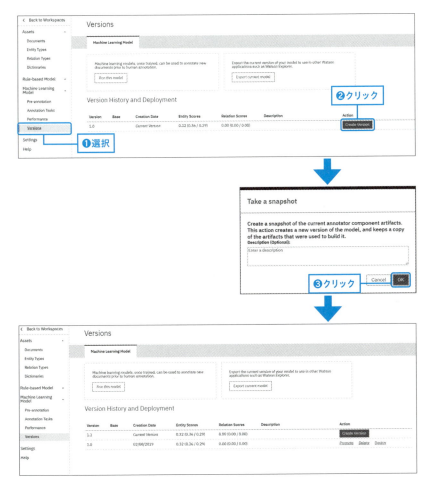

図5.86 デプロイ用のバージョンを作成

これでVersion 1.0のモデルがDiscoveryやNLUに適用できるようになりました。

Version 1.0のモデルのActionで「Deploy」を選択し、Discoveryで使えるようにしてみましょう。

サービスの選択ダイアログが表示されるので、「Discovery」を選択してから「Next」をクリックします（図5.87❶❷）。

次のダイアログでどのDiscoveryサービスにデプロイするのかを設定します。「Space or resource group」では「Spaces」か「Resource groups」を選択します。適用するDiscoveryが属しているのが組織/スペースの場合は「Resource groups」を選択して、利用するSpaceまたはResource group、Service nameを選択します（図5.87❸❹❺）。最後に「Deploy」をクリックします（図5.87❻）。Discovery側で設定するためのモデルIDが生成されます（図5.87❼）。

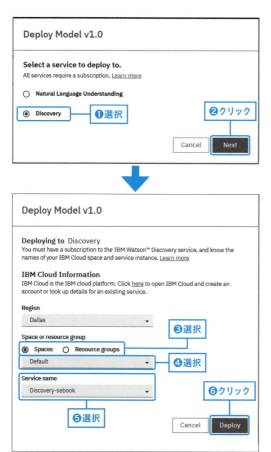

図5.87 適用先のDiscoveryを設定

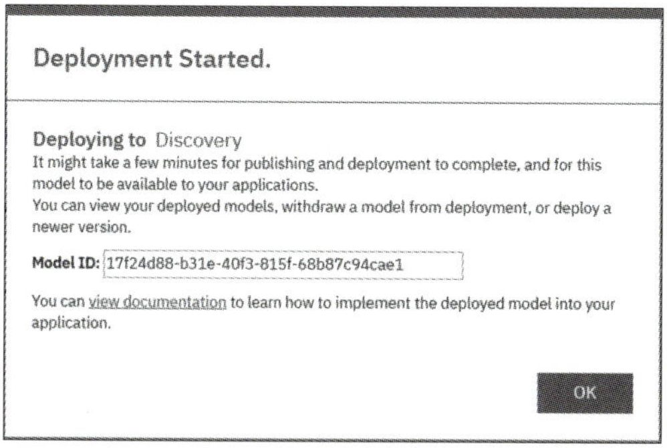

図5.88 Discoveryで設定するためのモデルID

　ここで取得したIDを、160ページで説明したWKS連携エンリッチメントの設定で使用します。
　WKSを使ってDiscoveryに業界・業務特有の言葉を学習させるヒューマンアノテーションから、機械学習モデルの作成までの流れを説明しました。

　Discoveryを単体で活用するだけでも、エンティティー、キーワード、コンセプトなどさまざまなメタ情報が付与され、高度な検索以外にも、文書全体の傾向や、文書同士の関係性を探ることができます。たとえばSNSの口コミなどから隠れたユーザーニーズを発掘できるようになります。さらにWKSと組み合わせることで、特定の業界・業務に特化した検索や分析にも対応できます。
　DiscoveryにはWeb上で利用可能なUIが充実しているため、本章でご紹介したように、すぐにでも利用可能です。本格的に活用する場合にはどのようなアウトプットを得たいかなどを十分に検討する必要がありますが、まずは身近な文書をDiscoveryに取り込んで、活用のヒントを探してみてはいかがでしょうか？

# CHAPTER 6 Watson Studioで機械学習を行う

本章では、AIを活用するための統合環境であるWatson Studioの多彩な機能について紹介します。

# 6.1 AIの統合環境 Watson Studio

AIの統合環境「Watson Studio」（ 図6.1 ）を使えば、AIを使ったデータ処理も簡単に行えるようになります。

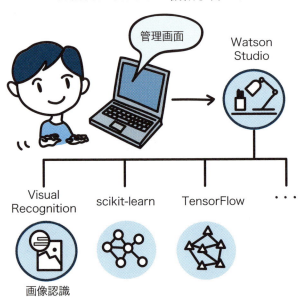

図6.1 Watson Studio 利用例

## 6.1.1 Watson Studioとは

　これまでの章で紹介してきたWatsonは、基本的には画像や音声の認識、自然言語の分類や理解といった、認識（英語ではコグニティブ）に関する機能を提供するものでした。2016年2月に日本語版が登場して以来、WatsonはIBMが推進する「コグニティブコンピューティング」のプラットフォームとしてのサービスを提供してきました。

　2017年に入ると、IBMは「Data Science Experience（DSX）」というサービスを追加し、機械学習に必要となる開発環境、実行環境、データを格納するためのストレージなどの環境の統合に取り組んできました。そして2018年になって

からWatsonとDSXは「Watson Studio」という名前で統合され、Watsonのコグニティブな機能を含むAIを活用した統合開発環境として進化を果たしています。

　Watson Studioでは、WatsonをはじめとするIBM Cloudが提供するサービス群を組み合わせ、データサイエンティストやアプリケーションの開発者、さらにはビジネス領域の専門家が協力してコグニティブ、機械学習、ディープラーニングを活用するための環境が準備されています。

　以下では、Watson Studioが提供するさまざまな機能について説明していきます。

---

### COLUMN

#### IBM Data Science Experience

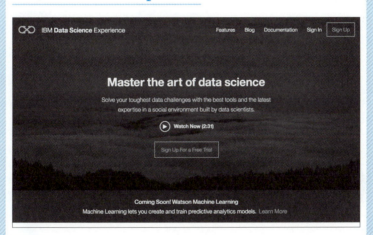

**図6.2** IBM Data Science Experience（DSX）

　**図6.2** に示したのは2017年当時のIBM Data Science Experience（DSX）の画面です。DSX自体はWatsonとは別の扱い（IBM Cloudの「カタログ」上でもWatsonカテゴリーには入っていなかった）のため、Watsonのロゴなどが存在せず、サービスのトップページも別物になっています。また、画面下部には、Watson Machine Learning（WML）が「Coming Soon」と表示されています。筆者は当時からWatsonを活用していましたが、WMLでどのような機能が提供されるのか胸を高鳴らせていたことを覚えています。

## ● Watson Studioを使い始める

　Watson Studioを使うためには、これまで説明してきたWatsonのサービスと同様に、IBM Cloudの「カタログ」からWatson Studioのインスタンスを作成する必要があります。

　では、どのように使っていけばよいのか見ていきましょう。

　まず、IBM Cloud（ URL  https://cloud.ibm.com/）の「カタログ」をクリックします（ 図6.3 ❶）。次に左側のメニューにある「AI」を選択し、「Watson Studio」をクリックします（ 図6.3  ❷❸）。

 図6.3  IBM Cloudの「カタログ」で「AI」を選択

　Watson Studioの画面が表示されます。内容を確認して※1、「作成」ボタンをクリックします（ 図6.4 ）。

---

※1　ここではデプロイする地域/ロケーションの選択を「ダラス」にしています。

**図6.4** Watson Studioの画面で作成をクリック

　作成が完了すると、図6.5 のような画面（「サービスの詳細」画面）が表示されます。画面中央の「Get Started」をクリックすると（図6.5 ❶）、作成に関するダイアログが表示されます。完了すると「Get Started」が表示されるのでクリックします（図6.5 ❷）。Watson Studioの画面に遷移します（図6.6）。

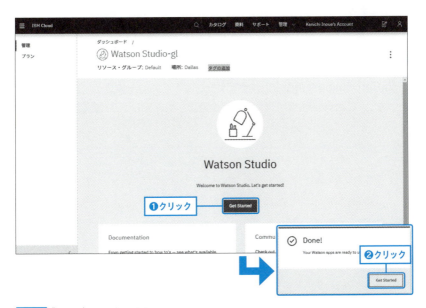

**図6.5** 「サービスの詳細」画面

**図6.6** IBM Watson Studioの開始画面

　Watson Studioの開始画面には、実際に機械学習を用いた作業を進めるためのProjects（プロジェクト）と、機械学習で使用するデータを整理するためのCatalog（カタログ）、このほかにWatsonのサービスやドキュメントが並んで表示されます。こうした機能を活用して、機械学習やディープラーニングの開発を進めることができます。

## 6.1.2　Watson Studioとほかの Watson サービスの関係

　Watson Studioの画面左上のナビゲーションメニューのアイコン（☰）をクリックし、「Services」カテゴリの項目を確認してみましょう（ 図6.7 ）。

図6.7 Watson Studioの「Services」メニュー

図6.7 を見るとわかるように、「Watson Services」「Data Services」「Compute Services」という3つのメニューが表示されます。

Watson Servicesには、本書でこれまで説明してきたWatson Assistant（チャットボット）やDiscovery（コグニティブ検索）などのWatsonのサービスがカテゴライズされています。

Data ServicesにはIBM Cloudで提供されているCloud Object StorageやCloudantといったデータを格納するためのストレージサービスが入っています。

Compute ServicesにはApache Sparkなどの実行環境が入っています。

では、ナビゲーションメニューの「Services」カテゴリにある「Watson Services」というメニューを選択してみましょう。 図6.8 のようなWatson Servicesの画面が表示されます。ここには、作成済みのWatsonの各サービスのインスタンスが一覧表示されており、さらに「Launch tool」をクリックすると各サービスの操作画面が表示されます。

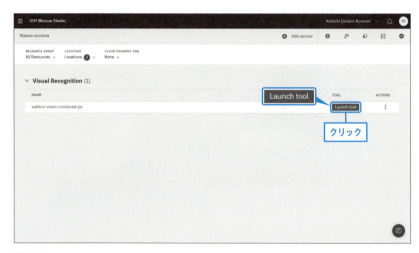

図6.8 Watson Servicesの画面

　Watson StudioはAIを用いた開発のための統合環境であり、必要なリソースを一括して管理できる仕組みが整っています。特にWatsonをはじめとするIBM Cloudのサービスは、IBM Cloudの「カタログ」や「ダッシュボード」の画面を経ることなく、Watson Studioの画面上でインスタンスを作成できます。

　このような操作体系になっているのは、IBM Cloudが提供しているさまざまなサービスを開発者の視点で扱いたいときはWatson Studioで、管理者の視点で扱いたいときはIBM Cloudのダッシュボードで操作してほしいという意図が感じられます。本書の執筆中もWatson Studioは進化を続けていますが、今後もこうした意図を踏まえた進化になると予想されます。

## 6.1.3　Watson Studioの機能構成

　Watson Studioには多岐に渡る機能が搭載されていますが、ここでWatson Studioのメニューに沿って確認しておきましょう。

### ● Projects

　Watson Studioで行う作業のほとんどはプロジェクトを作成して、その上で行います。図6.9は、あるプロジェクトの「Assets」画面です。作業に必要な

データ資産（Data assets）、作成したモデル（Models）、「Notebook」[※2]といったプロジェクトで行った作業にすぐアクセスできるよう一覧表示されています。また、新規のモデルやNotebookの作成なども「Assets」画面で行います。ほかにも、プロジェクトの実行環境の設定や、本番環境用にデプロイしたモデルの管理なども、それぞれのタブから行うことができます。

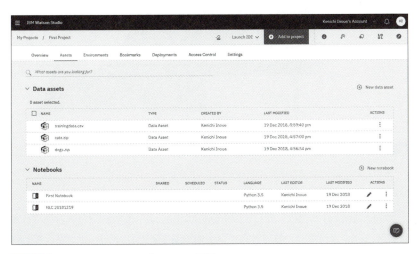

図6.9 「Projects」メニューの「Assets」画面

## ● Catalog

Watson Studioで使用するデータはカタログとしてまとめることができます（図6.10）。カタログは複数作成でき、その単位で複数のユーザーとデータを共有することもできます。それぞれのデータには星を付けてレーティングする機能もあり、Watson Studioが単なる開発環境ではなく、コラボレーション環境として設計されていることがわかります。

---

※2 Webブラウザー上でPythonのコードを逐次実行する環境です。本章の221ページの「Watson StudioでNotebookを作成する」以降を参照してください。

図6.10 「Catalog」メニューと Data Dashboard

## ● Community

「Community」メニューには、Watson Studioの活用法などがWebページまたはNotebookの形式で整理されています（図6.11）。IBMが公式で提供しているチュートリアルにもアクセスできるので、わからないことがある場合などに検索してみるとよいでしょう。

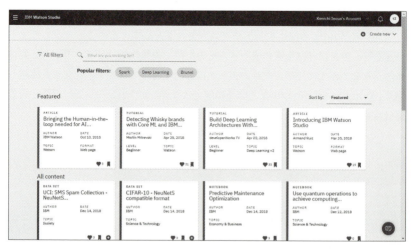

図6.11 「Community」メニュー

## ● Services

「Services」メニューにはWatsonやIBM Cloudのほかのサービスと連携するための機能が並んでいます。詳細については、6.1.2項を参照してください。

## ● Manage

使用しているWatson Studioのプランで残りどの程度のcapacity unit hours MEMO参照 が使用可能かなどがわかる「Environment Runtimes」、カタログの使用状況を参照する「Catalogs」など、Watson Studioの管理を行うための機能が並んでいます（図6.12）。

図6.12 Watson Studioの「Environment Runtimes」

 **MEMO**

### capacity unit hours（キャパシティー単位時間）

Watson Studioでは、Notebookの動作や機械学習などに必要なコンピュータのランタイムが複数準備されており、必要に応じてランタイムを使い分けることができます。たとえば、ライト・プランでは仮想CPUが1コアとメモリが4GBのランタイムを無料で使用できます。それ以上の性能のランタイムは有償で提供されており、性能に応じたcapacity unit hoursが定義されています。たとえば、仮想CPUが2コアでメモリが8GBのランタイムは1 capacity unit hours、仮想CPUが4コアでメモリが16GBでは2 capacity unit hoursといった具合です。ライト・プランでは1か月に50 capacity unit hoursまで無料で使用することができます。

## 6.1.4　Watson Studioでプロジェクトを作る

　Watson Studioでこれから作業をはじめるために必要なプロジェクトを作ってみましょう。

　プロジェクトを作成するには、Watson Studioのトップ画面で「New Project」をクリックします（ 図6.13 ）。

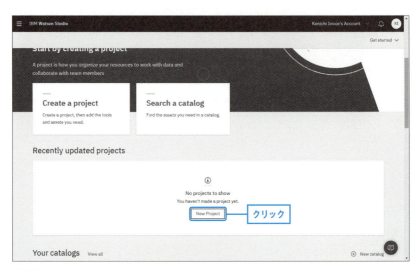

図6.13 Watson Studioのトップ画面で「New Project」をクリック

　どのようなプロジェクトを作成するか選択します。ここでは、すべての作業を行うことができるプロジェクトである「Standard」にカーソルを合わせると表示される「Create Project」リンクをクリックします（ 図6.14 ❶❷ ）。

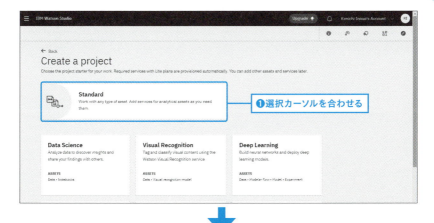

図6.14 新規プロジェクトの種類を選択

　プロジェクトの作成画面が表示されますが、まずはプロジェクトで使用するストレージを紐付ける必要があります（図6.15）。ストレージは、COSが使われます。すでにIBM CloudアカウントにCOSのインスタンスが存在する場合はそれが選択されます。

　COSのインスタンスが存在しない場合は、「Select storage service」の下にある「Add」をクリックして、COSのインスタンス作成画面に移ります。

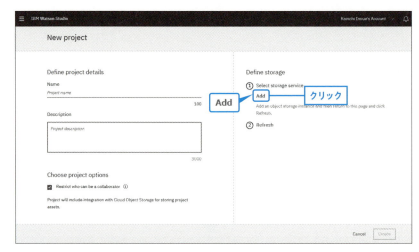

図6.15 プロジェクトで使用するストレージを紐付け

### ● IBM Cloud Object Storageのインスタンス作成

IBM Cloud Object Storage（COS）は、Amazon S3と同様のストレージサービスです。ライト・プランでは、25GBのストレージ容量が無料で提供されています。

プロジェクトの作成画面から遷移したCOSのインスタンス作成画面で「New」タブを選択し、画面下部にスクロールします（図6.16）。

図6.16 IBM Cloud Object Storageで「New」タブを選択

料金プランとして「Lite」が選択されていることを確認し、「Create」ボタンをクリックします（図6.17 ❶❷）。次に、「Confirm Creation」画面が表示されますが、それも「Confirm」ボタンをクリックして画面を進めます。

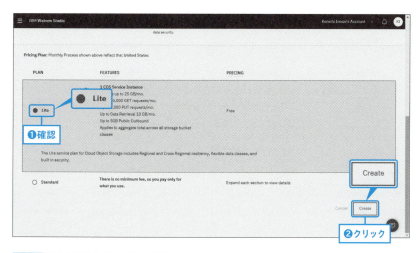

図6.17 COSの料金プラン設定画面

COSのインスタンス作成が終わったら、画面がプロジェクト作成画面に戻ります（図6.18）。「Refresh」というリンクが追加で表示されるので、それをクリックします。

図6.18 プロジェクト作成画面の「Refresh」をクリック

先ほど作成したCOSのインスタンスが表示されます。これでプロジェクトとCOSの紐付けは完了です。あとは、プロジェクト名（ここでは「First Project」）を入力して「Create」ボタンをクリックします（図6.19 ❶❷）。

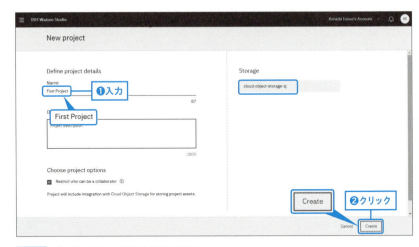

図6.19 プロジェクトとCOSの紐付け完了

プロジェクトの作成が終わったら、図6.20のようなプロジェクトのトップ画面が表示されます。

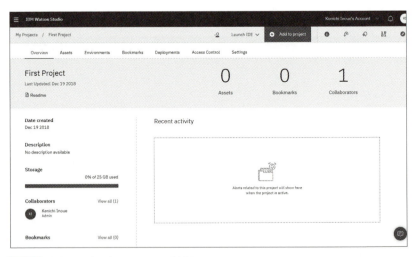

図6.20 作成したプロジェクトのトップ画面

# 6.2 Visual Recognitionで画像認識

画像認識サービスの「Visual Recognition」を使って画像処理を行うことができます。

##  6.2.1 Visual Recognitionとは

　Visual Recognitionは、独自の学習モデル（カスタムモデル）を作成することも可能な画像認識のサービスです。WatsonがIBM Cloud（サービス開始当時は「Bluemix」という名称でした）で提供され始めた頃から存在する古参のサービスで、日本国内でも使用事例が多数あります。Visual Recognitionでは、画像認識に関するいくつかの機能が1つにまとまっています。

　初期から継続的に提供されているのは、犬や猫、自動車といった一般的なモノであれば認識できる「一般モデル」と、ユーザーが自ら準備した訓練データを使用して独自のモデルを作成する「カスタムモデル」の2つです。一般モデルは学習モデルがIBMから提供されているため、訓練データを準備することなく画像認識を使用することができます。逆に、カスタムモデルは独自の画像を準備してWatsonに学習をさせなければ画像認識を試すことはできません。

　また、一般モデルと同様に訓練データを準備することなく画像認識をさせることができますが、特定分野を対象としたモデルとして、本書執筆時点では下記の4つのモデルが提供されています。

- 顔モデル：人間の顔を認識し、性別と年齢を予測します。
- 食品モデル：食事、食品項目、料理などを認識します。
- 不適切モデル：一般的なユーザーにとって不適切なコンテンツや、成人向けコンテンツを識別します。
- テキストモデル：自然の風景画像の中で認識したテキストを抽出し、認識します（本書執筆時点では、開発者向けのプライベートベータ版として提供されています）。

Visual Recognitionでは、一般モデルなどのIBMが提供している既存のモデルだけでなく、独自に作成したカスタムモデルもAPIを通して呼び出せます。また、独自のサービスや企業内システムなどに組み込んで使用することもできます。AppleのiOS向けにはCore MLフレームワークにVisual Recognitionのモデルを組み込むことができ、オフラインで画像認識を行うこともできるようになっています。

## ● Visual Recognitionのインスタンス作成

Visual Recognitionを使用するには、IBM Cloud（ URL  https://cloud.ibm.com/）の管理画面からVisual Recognitionのインスタンスを作成する必要があります。先ほどのWatson Studioの場合と同様にIBM Cloudの「カタログ」画面を開き、「AI」カテゴリーにある「Visual Recognition」を選択します（図6.21 ❶❷❸）。

図6.21 「カタログ」画面で「Visual Recognition」を選択

表示されたVisual Recognitionの画面で、右下にある「作成」ボタンをクリックします（図6.22）。

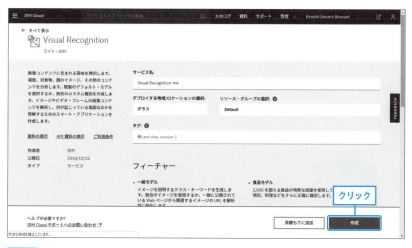

図6.22 Visual Recognitionの画面で「作成」ボタンをクリック

　インスタンスの作成が完了すると、入門チュートリアルが表示される開始画面に遷移します。画面左のメニューから「管理」をクリックすると図6.23のような画面が表示されます（作成済みのインスタンスは、IBM Cloudのダッシュボードから選択して同じ画面を表示させることができます）。

　画面には資格情報が表示されています。表示リンク（表示と非表示のトグルになっています）をクリックすると、API鍵の値が表示されます。この値はあとで使用しますので、表示する方法を覚えておきましょう。

図6.23 資格情報の表示

## 6.2.2　Watson StudioでVisual Recognitionのカスタムモデルを作る

Visual Recognitionでカスタムモデルを作るには、Watson Studioで専用の画面を使う方法（図6.24）と、APIを使う方法があります。以下では、Watson Studioを使う方法を簡単に説明し、次に、APIを使う方法について詳しく説明することにします。

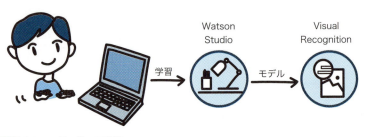

図6.24 Watson Studioの利用

### ● Watson Studioを使う方法

Watson Studioを使ったカスタムモデルの作成は簡単です。「Project」画面の「Add to project」ボタンをクリックし、「VISUAL RECOGNITION MODEL」を選択すると表示されるカスタムモデルの作成画面で、訓練データの画像を指定し、学習させるとカスタムモデルができあがります（図6.25）。

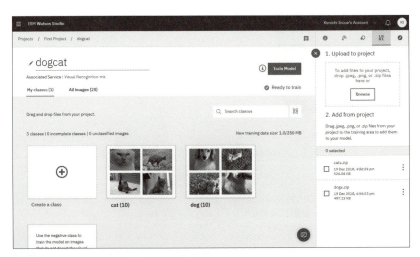

図6.25 Watson Studioを使ったカスタムモデルの作成

この画面では、ラベルを付け替えて分類したり、訓練データを追加したりすることができます。プログラミング不要で簡単にカスタムモデルを作成できます。

## ● APIを使う方法

Watson Studioの画面を使う方法は簡単ではありますが、実際にVisual Recognitionを活用する場合は大量の画像を使ったり[3]、認識精度を向上させるために定期的に訓練データの追加や差し替え[4]を行ったりする必要があります。その際、Webブラウザーを操作して行うよりもPythonなどのプログラミング言語を使ってVisual RecognitionのAPIを操作したほうが、バッチ処理などが可能となり便利でしょう。

## ● Watson StudioでNotebookを作成する

WatsonのAPIは単純なHTTPリクエストのため、各プログラミング言語でHTTPリクエストを発行して操作することが可能です。しかしもっと簡単なのがIBM公式のSDKを使う方法です。「Watson Developer Cloud」というSDKがGitHub (https://github.com/watson-developer-cloud) で公開されているので、これを使ってみることにしましょう。対応しているプログラミング言語はPython、Node.js、Swift、.NET、Ruby、UnityなどですがここではPythonを使うことにします。

Pythonの実行環境を構築するには、ローカルマシン（WindowsやmacOS搭載）にAnaconda (https://anaconda.org/) などのPythonディストリビューションを導入するなど、複数の方法があります。ここではWatson Studioの「Notebook」を使ってみます。Notebookは、Webブラウザー上でPythonのコードを実行できる環境で、コードを逐次実行して結果を見ることができたり、実行結果をNotebookの画面上に残しておいて、共有することができたりするため、機械学習の分野で広く使われています。Anacondaを導入するとJupyter Notebookが使用できるようになるため、Notebookを使い始めることができますが、Watson Studioでも簡単にNotebookを使うことができるようになって

---

[3] 後述しますがVisual Recognitionでは、1ラベルあたり150〜200枚程度の訓練データ（画像）を使用することが精度とコスト（学習に使う画像1枚ごとに課金されます）のバランスが高いとされており、数万枚といったレベルの画像を使うことはまずありません。

[4] Visual Recognitionでは一度作成したカスタムモデルに訓練データを追加することはできますが、差し替えには対応していません。そのため、訓練データを差し替える場合は新規のカスタムモデルの作成を行う必要があります。

います。

では、実際にNotebookを使ってみることにしましょう。

先ほど作成したWatson Studioの「Projects」画面を開き、「Add to project」のプルダウンメニューから「NOTEBOOK」を選択します（図6.26 ❶❷）。

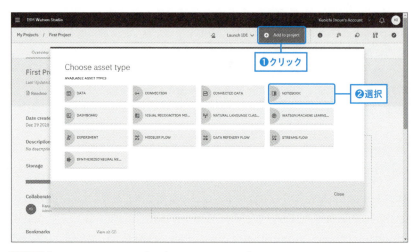

図6.26 「Add to project」のプルダウンメニューから「NOTEBOOK」を選択

Notebookの新規作成画面が開きます（図6.27）。

「Language」（使用言語）はPython 3.5しか表示されません（本書執筆時点）。

「Select runtime」（ランタイム）は「Default Python 3.5 XS」が選択されています。このランタイムは仮想CPUが2コア、メモリが8GBのランタイムで1 capacity unit hoursを消費します。Visual RecognitionのAPIを使用する程度の用途ではオーバースペックです。そこで、仮想CPUが1個と4GBのメモリが無償で使える「Default Python 3.5 Free」を選択するようにしましょう。ただ、ここで作成したNotebookを使ってディープラーニングの学習などの負荷のかかる処理を行うことも可能であり、その場合は、一定の無料枠を超えると課金されるランタイムを選択して、仮想CPUのコア数やメモリ容量に余裕を持たせるとよいでしょう。

これらの項目を確認したら、「Name」に適当な名前（ここでは「First Notebook」）を入力し、「Create Notebook」ボタンをクリックします（図6.27 ❶❷）。

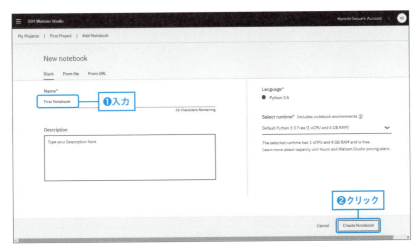

図6.27 Notebookの新規作成画面

　しばらく待つと新規のNotebookが開きます（図6.28）。Notebookでは「セル」という領域にPythonのコードを書いて、「Run」（実行）ボタンをクリックするとそのセルに書かれたコードが実行されます。セルを実行すると自動的に次のセルが追加されます（任意の場所にセルを追加することも可能です）。変数やモジュールのインポートなどはセル間で共有されるので、前のセルで変数にセットした値は、次のセルでもそのまま使用することができます。

図6.28 「セル」にPythonのコードを書いてから実行する

## ● Watson SDKのインストールとインポート

　Notebookのセルに以下のPythonコードを記述し、実行します。

**In**

```
!pip install --upgrade watson-developer-cloud
```

図6.29 のようにWatson SDKがインストールされます。実行結果の出力の最後のほうに「Successfully installed」というメッセージが表示され、その中にwatson-developer-cloudが含まれていることを確認しておいてください。

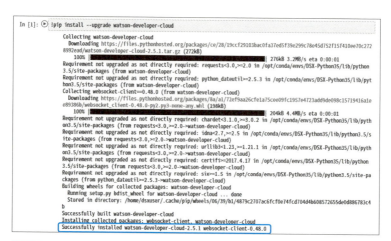

図6.29 Watson SDKのインストール

次のセルに、次のインポートのコードを記述し、実行します。

**In**

```
from watson_developer_cloud import VisualRecognitionV3
```

モジュールのインポートでは出力がないため、そのまま次のセルが表示されればインポートは成功です（図6.30）。

```
In [2]: from watson_developer_cloud import VisualRecognitionV3
In [ ]:
```

図6.30 モジュールのインポートの実行

## ● 訓練データのアップロード

カスタムモデルを作成するためには訓練データを準備する必要があります。たとえば犬と猫を見分ける（分類する）カスタムモデルを作るためには犬の画像を最低10枚と猫の画像を最低10枚で、合わせて20枚の画像を準備します。ここで、分類したい「犬」や「猫」といったモノの名前のことを「ラベル」や「クラス」

と言います。

　手元に訓練データとして使用できる画像があれば、それを使えばよいのですが、それがない場合はGoogleの画像検索などを使って集めるとよいでしょう（図6.31）。集めた画像は、ラベルごとにZIPファイルとして圧縮しておきます。

図6.31　訓練データの例

　次に、Notebookの画面右上にあるDataアイコンをクリックしてファイルのアップロード画面を開きます（図6.32）。なお、ローカルマシン上のNotebookを使用している場合は、この操作は必要ありません。

図6.32　Dataアイコンをクリックしてファイルのアップロード画面を開く

　画面の右側に開いたアップロード画面（「Files」タブ）の下に、ファイルをドラッグ＆ドロップする領域（「Drop your file here or ...」）が表示されているので、そこに作成した2つのZIPファイルをドロップしてアップロードします。ま

たは、「browse」リンクをクリックしてファイルを選択してもかまいません。アップロードしたファイルは、プロジェクトの作成時に指定したCOSのインスタンス上の自動的に作成されたバケット MEMO参照 内に保存されます。

> **MEMO**
>
> **バケット**
>
> COSはAmazon S3互換のオブジェクトストレージであり、インスタンス内にバケット（Bucket）と呼ばれる入れ物を作り、そこにオブジェクト（ファイル）を保存します。ちなみに、オブジェクトの名前のことを「キー」（Key）と呼びます。キーの値にスラッシュを含めることも可能です。たとえば、directory1/directory2/image.zipのようにディレクトリを指定したオブジェクトも保存できます。

## ● 訓練データのNotebookでの使用準備

アップロードしたファイルをNotebookで使用する場合、Watson Studioでは少し複雑な操作が必要です（ローカルマシンのNotebookを使っている場合は、本項の最後の部分を参照してください）。

「Files」タブの下部には、アップロード済みのファイルが表示されています。その「Insert to code」というプルダウンメニューを開き、「Insert Credentials」をクリックします（図6.33 ❶❷）。その際、カーソルは新しいセルに入れておいてください。

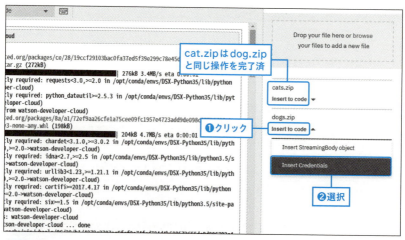

図6.33 アップロードしたファイルを使えるようにする

これで、カーソル部分に自動的にコードが追加されます。このコードは、COS上に保存したファイルにアクセスするために必要な認証情報などがまとまった辞書型の変数定義です（図6.34）。

図6.34 コードが追加された（credentials_1）

挿入されたコードの下に、COSからNotebookが動作している環境上にファイルをダウンロードするコードを追記します（リスト6.1）。

リスト6.1 ファイルをダウンロードするコード

**In**

```
import ibm_boto3
from ibm_botocore.client import Config
cos = ibm_boto3.resource('s3',
    ibm_api_key_id = credentials_1['IBM_API_KEY_ID'],
    ibm_service_instance_id = credentials_1['IAM_SERVICE⇒
_ID'],
    ibm_auth_endpoint = credentials_1['IBM_AUTH_ENDPOIN⇒
T'],
    config = Config(signature_version = 'oauth'),
    endpoint_url = credentials_1['ENDPOINT']
)

cos.meta.client.download_file(credentials_1['BUCKET'], ⇒
'dogs.zip', 'dogs.zip')
cos.meta.client.download_file(credentials_1['BUCKET'], ⇒
'cats.zip', 'cats.zip')
```

このコードで、dogs.zipとcats.zipをそれぞれダウンロードし、Notebook上で使用可能な状態になります。

次のセルで リスト6.2 のコマンドを実行し、ダウンロードできたことを確認してみましょう（ 図6.35 ）。

**リスト6.2** ファイルを確認する

**In**

```
!ls -la
```

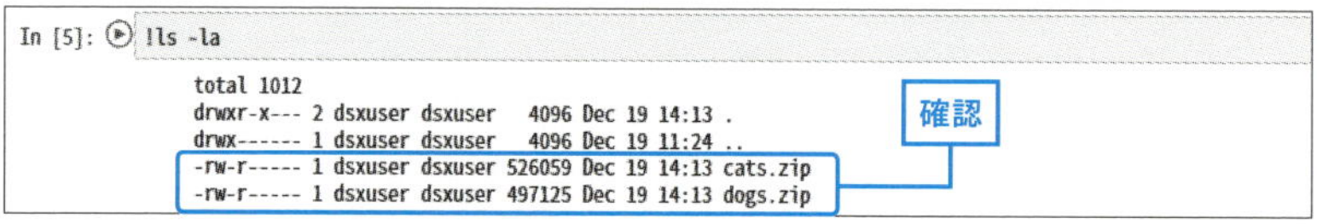

```
In [5]:  !ls -la
          total 1012
          drwxr-x--- 2 dsxuser dsxuser   4096 Dec 19 14:13 .
          drwx------ 1 dsxuser dsxuser   4096 Dec 19 11:24 ..
          -rw-r----- 1 dsxuser dsxuser 526059 Dec 19 14:13 cats.zip    確認
          -rw-r----- 1 dsxuser dsxuser 497125 Dec 19 14:13 dogs.zip
```

**図6.35** ダウンロードの確認

次にダウンロードしたファイルを開きます（ローカルマシンのNotebookを使用している場合は、 リスト6.3 のコードから実行してください）。

**リスト6.3** ダウンロードしたファイルを開く

**In**

```
dogs = open('＜dogs.zipファイルのパス＞', 'rb')
cats = open('＜cats.zipファイルのパス＞', 'rb')
```

## ● カスタムモデルの作成

それでは、いよいよカスタムモデルを作成します。 リスト6.4 のコードを実行します。

**リスト6.4** カスタムモデルを作成する

**In**

```
from watson_developer_cloud import VisualRecognitionV3
visual_recognition = VisualRecognitionV3(
    '2018-03-19', iam_apikey='＜APIキー＞')

classifier = visual_recognition.create_classifier(
```

```
    'dogcat',
    dog_positive_examples=dogs,
    cat_positive_examples=cats,
).get_result()
print(classifier)
```

　APIからVisual Recognitionを使用するにはAPIキーを指定する必要があります。なお、ここで使うAPIキーは、本章の6.2.1項でVisual Recognitionのインスタンスを作成した際に取得しています。

　create_classifier関数は、第1引数が作成するカスタムモデルの名前、第2引数以降で「＜ラベル＞_positive_examples」というパラメーター名で、先ほど作成したファイル名とファイルの変数を指定します。たとえば、dog_positive_examplesというパラメーター名の場合は、dogがラベルとして使用されます。

　このコードを実行すると、新たに採番されたカスタムモデルのclassifier_idを含む結果出力が行われます（図6.36）。ステータス（status）がtrainingになっているため、まずはWatsonの学習が進んでいることを示しています。

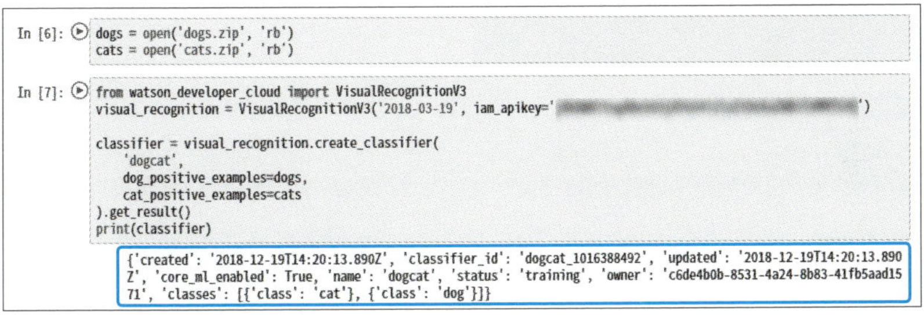

```
In [6]: dogs = open('dogs.zip', 'rb')
        cats = open('cats.zip', 'rb')

In [7]: from watson_developer_cloud import VisualRecognitionV3
        visual_recognition = VisualRecognitionV3('2018-03-19', iam_apikey='                       ')

        classifier = visual_recognition.create_classifier(
            'dogcat',
            dog_positive_examples=dogs,
            cat_positive_examples=cats
        ).get_result()
        print(classifier)

        {'created': '2018-12-19T14:20:13.890Z', 'classifier_id': 'dogcat_1016388492', 'updated': '2018-12-19T14:20:13.890
        Z', 'core_ml_enabled': True, 'name': 'dogcat', 'status': 'training', 'owner': 'c6de4b0b-8531-4a24-8b83-41fb5aad15
        71', 'classes': [{'class': 'cat'}, {'class': 'dog'}]}
```

図6.36　Watsonの学習が進んでいる状態

　現在のステータス（status）を確認するには、create_classifier関数で出力されたclassifier_idを指定し、get_classifier関数で問い合わせます（リスト6.5）。

リスト6.5　現在のステータス（status）を確認する

**In**

```
print(visual_recognition.get_classifier('<classifier_id⮕
>').get_result())
```

ステータス（status）の値がreadyになれば、Watsonでの学習は完了です
（図6.37）。

```
In [10]: print(visual_recognition.get_classifier('dogcat_1016388492').get_result())
{'created': '2018-12-19T14:20:13.890Z', 'classifier_id': 'dogcat_1016388492', 'updated': '2018-12-19T14:20:13.890
Z', 'core_ml_enabled': True, 'name': 'dogcat', 'status': 'ready', 'owner': 'c6de4b0b-8531-4a24-8b83-41fb5aad157
1', 'classes': [{'class': 'cat'}, {'class': 'dog'}]}
```

図6.37 Watsonでの学習完了

それでは、できあがったカスタムモデルを試してみましょう。classify関数を使うと画像認識を行うことができます。ここでは、Wikimediaにある犬の画像を認識させてみることにしましょう（図6.38）。

図6.38 認識させる犬の画像
出典 Wikimedia
URL https://upload.wikimedia.org/wikipedia/commons/thumb/4/44/Ulfur.jpg/200px-Ulfur.jpg

classify関数では認識させたい画像をURLかファイルとして、認識に使用したいモデルをclassifier_idsとして指定します（リスト6.6）。classifier_idsはリストをセットしていることからわかるように、複数のモデルを指定できます。さらに、thresholdを指定すると認識の確信度の値が指定した値を下回ると、結果に含まれないようになります。ここでは、0.2を指定してみました。

リスト6.6 classify関数で画像とモデルを指定。thresholdを指定する

In

```
import json
result = visual_recognition.classify(
    url='https://upload.wikimedia.org/wikipedia/commons→
/thumb/4/44/Ulfur.jpg/200px-Ulfur.jpg',
```

```
    classifier_ids=['<classifier_id>'],
    threshold='0.2'
).get_result()
print(result)
```

　実行したところ、図6.39のような結果が出力されました。認識結果はclassifiersのリストの中でモデルごとに出力され、classesのリストの値を見ると、そのモデルが画像をどのように認識したかが示されています。結果を見てみると、クラス（class）としてdogが設定されているため、きちんと犬であると認識されたようです。また、scoreの値はdogという認識についての確信度で、0〜1の値が設定されます。ここでは、0.898（89.8％）という確信度であり、それなりに確信を持った結果となっています。

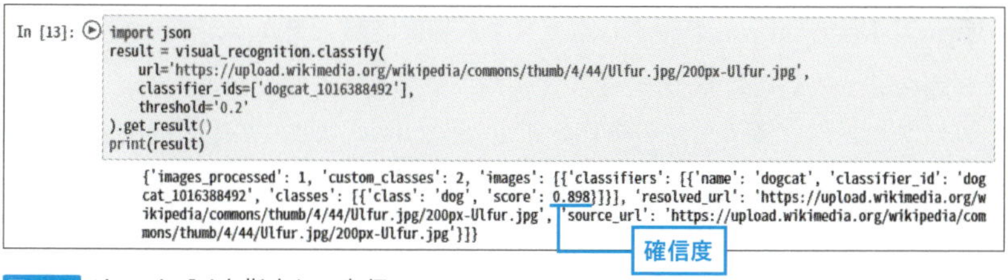

図6.39　thresholdを指定して実行

## ● 認識精度を向上させるために

　このように、WatsonのVisual Recognitionを使うと、簡単に独自の画像認識モデルを作ることができます。読者の皆さんも自分のモデルを作成してみてください。試してみて、その認識結果は期待にそうものだったでしょうか。もしかすると、期待外れだった……ということもあるかもしれません。その場合は、認識精度を高める方法を試してみましょう。次のIBMの公式リファレンスを参考にするとよいでしょう。

- **分類器の良好なトレーニングに関するガイドライン**
  URL　https://console.bluemix.net/docs/services/visual-recognition/customizing.html#guidelines-for-training-classifiers

このガイドラインからいくつか抜粋します。

- 画像は少なくとも224×224ピクセルにする
- PNG画像の場合、ピクセル深度は少なくとも24ビット／ピクセルにする

- クラス(ラベル)ごとの画像を少なくとも50枚以上にする(150〜200枚程度が処理時間と精度のバランスが最も高い)
- ポジティブデータと同数程度のネガティブデータを追加する(認識したいクラスの画像のことをポジティブデータ、逆にどのクラスにも当てはまらない画像のことをネガティブデータという。APIを使う場合は、negative_examplesとしてZIPファイルをセットする)
- 実際に認識させたい画像と、訓練用の画像は同じような背景、品質(たとえば以前の携帯電話のような粗い画像で認識させたい場合、訓練データはプロのカメラマンが高級なカメラで撮影したような画像にしない)にする

### 6.2.3 iPhoneでVisual Recognitionのカスタムモデルを使う(iOS Core MLとの連携)

Visual Recognitionで作成したカスタム画像認識モデルは、iOSの機械学習フレームワークである「Core ML」上で動作させることができます。

カスタム画像認識モデルの動作をiPhoneやiPadなどのiOSデバイス上で確認するには、認識させたい画像を指定したり、認識結果を表示したりするための画面(iOSアプリ)が必要です。しかし、iOSアプリの作り方を説明することは本書の目的ではありませんので、Watson Developer CloudのGitHubで提供されているチュートリアル「iOS Core ML & Watson Visual Recognition」の「Simple Tutorial (Single Model)」を使用し、画像認識のモデルとして、前項で作成したモデルを指定することにしましょう(図6.40)。

- **iOS Core ML & Watson Visual Recognition**
  URL https://watson-developer-cloud.github.io/watson-vision-coreml-code-pattern/

図6.40 iOS Core ML & Watson Visual Recognition

## ● Xcodeの準備

XcodeはAppleのApp Storeからインストールします（図6.41）。本書では、Xcode 10.1を使用しています。

図6.41 Xcode（App Store）

あとで、XcodeのCommand Line Toolsが必要となるため、Xcodeの「Preferences」画面から「Locations」タブを開き、「Command Line Tools」に使用しているXcodeのバージョンがセットされていることを確認します（図6.42）。

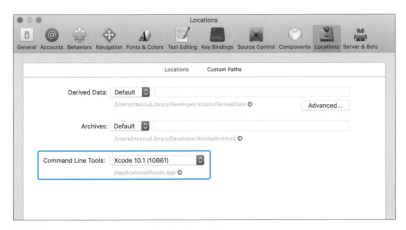

図6.42 XcodeのCommand Line Toolsのバージョン

## ● GitリポジトリのクローンとWatson SDKのインストール

　Simple Tutorialでは、WatsonのSwift SDKをインストールするために、「Carthage」というSwift言語向けのライブラリ管理ツールを使用しているため、まずCarthageをインストールします。

　Carthageの最新版のパッケージCarthage.pkgをダウンロードし、インストールします（図6.43）。

● **Carthageのダウンロード**
　URL　https://github.com/Carthage/Carthage/releases

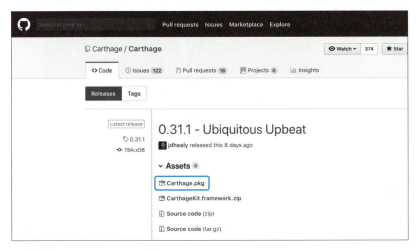

**図6.43** Carthageのダウンロード

　Macのライブラリ管理ツールHomebrewを使っている方は、Homebrewを使ってインストールすることもできます。

**［ターミナル］**

```
$ brew install carthage
```

　次に、Watson Developer CloudのGitHubのWatson Developer CloudからSimple Tutorialをクローンします[5]。

---

※5　本書では2019年1月21日に行われたコミット（dd9b1e0c9712d205be73dfe558ee6753d77c84aa）で動作確認しています。

**[ターミナル]**

```
$ git clone https://github.com/watson-developer-cloud/visual-recognition-coreml.git
```

クローンしてできたフォルダにある「Core ML Vision Custom」フォルダに移動し、Carthageを使ってWatson SDKなど必要なライブラリのインストールを行います[※6]（図6.44）。WatsonのすべてのAPIに対するSDKのビルドが行われるため、少し時間がかかりますが、待ちましょう。

**[ターミナル]**

```
$ cd visual-recognition-coreml/Core\ ML\ Vision\ Custom/
$ carthage bootstrap --platform iOS
```

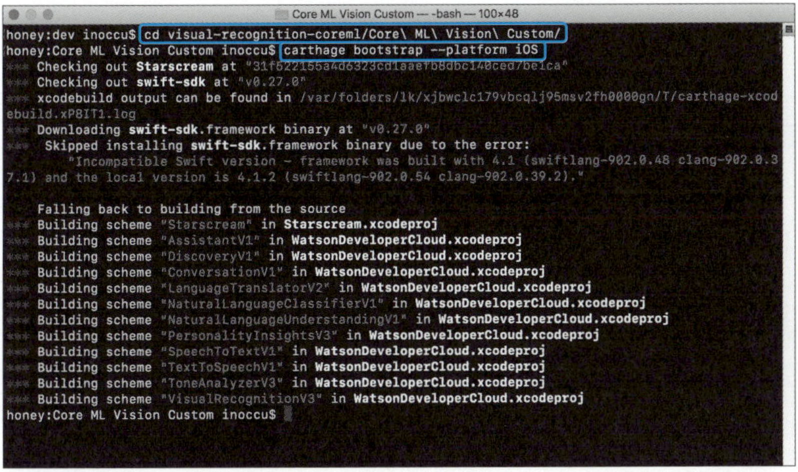

図6.44 必要なライブラリのインストール

---

※6 Xcodeをバージョンアップすると、以下のエラーが出る場合があります。

```
*** Skipped installing swift-sdk.framework binary due to the error:
    "Incompatible Swift version - framework was built with 4.1.2
(swiftlang-902.0.54 clang-902.0.39.2) and the local version is 4.2.1
(swiftlang-1000.11.42 clang-1000.11.45.1)."
```

この場合、以下のコマンドオプションでエラー回避できます。

```
$ carthage bootstrap --platform iOS --no-use-binaries
```

● **コードの編集と実行**

必要なライブラリのインストールが終わったら、Xcodeで`Core ML Vision Custom/Core ML Vision Custom.xcodeproj`を開きます（ 図6.45 ）。

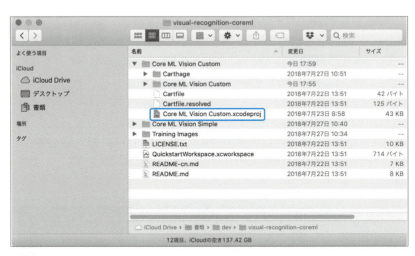

図6.45 `Core ML Vision Custom.xcodeproj`を開く

次に、`ImageClassificationViewController.swift`を開いて、`apikey`と`modelIds`を編集します（ 図6.46 ）。

図6.46 `ImageClassificationViewController.swift`を開く

Visual Recognitionのサービス資格情報を参照し、API鍵の値を`apikey`にセットします（ 図6.47 ）。

図6.47 サービス資格情報のAPI鍵の値を使う

　`modelIds`は配列をセットできることからわかるように、複数の画像認識モデルを指定できます。前項で作成したカスタム画像認識モデルのモデルIDを確認し、それを指定します。

　Watson StudioでVisual Recognitionを開き、使用するカスタム画像認識モデルの「Copy model ID」をクリックすると、モデルIDがクリップボードにコピーされます（図6.48）。

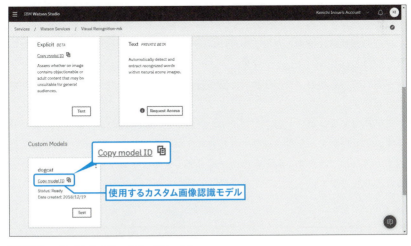

図6.48 モデルIDをクリップボードにコピー

編集した結果は、図6.49のようになるでしょう。

```
21  struct VisualRecognitionConstants {
22      static let apikey = "■■■■■■■■■■■■■■■■■■■■■■■■■■■■■■■■■■■■■■■■"   // The IAM apikey
23      static let modelIds = ["dogcat_1160480239"]
24      static let version = "2018-03-19"
25  }
```

**図6.49** 編集が終わった`ImageClassificationViewController.swift`

それでは、実行してみましょう。スキームとしてCore ML Vision Custom、実行環境としてiPhone XRのシミュレーターとなっていることを確認して[※7]（実行環境は、iOS 11以上が搭載されているデバイスのシミュレーターであればほかのものでもかまいません）、「Build and then run」ボタンをクリックします（図6.50）。

**図6.50** シミュレーターで実行

ビルドが完了すると、iOSシミュレーターが起動し、アプリの画面が開きます。アプリの起動時に指定したモデルIDのモデルがローカル（iOSデバイス上）に存在しなければIBM Cloudからダウンロードしてコンパイルするようにコーディングされているため、初回起動時は図6.51のようなモデルのコンパイル画面が表示されます。

モデルのダウンロードとコンパイルが終わると、図6.52のような画面に変わります。左下のボタンをクリックするとカメラロールが開き、認識させる画像を選択することができます。右下のボタンはモデルをダウンロードしコンパイルさせるためのものです。

---

※7　Xcode 10.1での初期状態では、iPhone XRが選択されます。

図6.51 シミュレーターの初回起動時

図6.52 モデルのダウンロードとコンパイルが終わった画面

あらかじめSafariで犬か猫の画像を検索してカメラロールに保存し、アプリの左下のボタンから保存した画像を選択します（図6.53）。

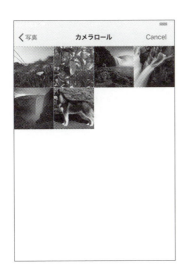

図6.53 犬・猫の画像を検索してカメラロールに保存

図6.54 のように指定した画像が表示され、認識結果としてdogの確信度が0.92と表示されました。正しく認識できているようです。

iPhoneの実機を使って実行すると、アプリ内でカメラを使って撮影して画像認識を試すことができます。iPhoneをオフラインにしてみても、きちんと認識が動作しますので、試してみてください。

図6.54 認識結果

## ● コードの説明

それでは、このアプリのソースコードを見ながら、Watson SDKの動きを確認していくことにしましょう。

まず、`ImageClassificationViewController`のインスタンス作成時に実行されるのが、Watson SDKの`VisualRecognition`のインスタンスです。先ほど指定した`apikey`を使っていることがわかります（リスト6.7）。

リスト6.7　ImageClassificationViewController.swift

```
let visualRecognition: VisualRecognition = VisualRecogni
tion(version: VisualRecognitionConstants.version,
 apiKey: VisualRecognitionConstants.apikey)
```

アプリの起動時や、画面右下のモデルのダウンロードボタンをタップした場合に呼び出されるのが、`updateLocalModels(ids modelIds: [String])`メソッドです。`visualRecognition.updateLocalModel(classifierID: String, failure: 失敗時のコールバック, success: 成功時のコールバック)`でモデルIDを指定してモデルをダウンロード（ローカルに保存されたモデルのアップデート）しています（リスト6.8）。

**リスト6.8** ImageClassificationViewController.swift

```swift
func updateLocalModels(ids modelIds: [String]) {
    SwiftSpinner.show("Compiling model...")
    let dispatchGroup = DispatchGroup()
    // If the array is empty the dispatch group won't ➡
be notified so we might end up with an endless spinner ➡
    dispatchGroup.enter()
    for modelId in modelIds {
        dispatchGroup.enter()
        
        visualRecognition.updateLocalModel(classifierID➡
: modelId) { _, error in
            if let error = error {
                dispatchGroup.leave()
                DispatchQueue.main.async {
                    self.modelUpdateFail(modelId: model➡
Id, error: error)
                }
                return
            }
            
            dispatchGroup.leave()
        }
    }
    dispatchGroup.leave()
    dispatchGroup.notify(queue: .main) {
        SwiftSpinner.hide()
    }
}
```

　最後に、カメラロールで認識する画像を指定したあとに、画像認識を行っているのが classifyImage(image: UIImage, localThreshold: Double) メソッドです（ リスト6.9 ）。

　visualRecognition.classifyWithLocalModel(image: UIImage, classifierIDs: [String], threshold: Double?, failure: 失敗時のコールバック）で認識させる画像とモデルID、さらに認識できたと判定する確信度の閾値（threshold）を指定して、ローカルにダウンロードしたモデルを使って画像認識をしています。

**リスト6.9** ImageClassificationViewController.swift

```swift
func classifyImage(_ image: UIImage, localThreshol
d: Double = 0.0) {
    showResultsUI(for: image)
    
    let imageCentered = cropToCenter(image: image)
    
    visualRecognition.classifyWithLocalModel(image: imag
eCentered, classifierIDs: VisualRecognitionConstants.mod
elIds, threshold: localThreshold) { classifiedImages, 
error in
        
        if let error = error {
            DispatchQueue.main.async {
                self.showAlert("Could not classify image
", alertMessage: error.localizedDescription)
                self.resetUI()
            }
        }
        
        // Make sure that an image was successfully clas
sified.
        guard let classifiedImage = classifiedImages?.im
ages.first else {
            return
        }
        
        // Update UI on main thread
        DispatchQueue.main.async {
            // Push the classification results of all 
the provided models to the ResultsTableView.
            self.push(results: classifiedImage.classifi
ers)
        }
    }
}
```

# 6.3 Watson Studioでモデル構築

本節では、実際にWatson Studioでモデル構築をしてみます。機械学習のライブラリ「scikit-learn」などを使います。

## 6.3.1 Watson StudioのNotebookでscikit-learnを使う

6.2.2項でWatson StudioのNotebookでVisual RecognitionのAPIを操作し、画像認識のカスタムモデルを作成しました。Watson StudioのNotebookはローカルマシンで動作させているNotebookと同様に使えるので、WatsonのAPIを使うだけではなく、scikit-learnやTensorFlow、Kerasといった一般的な機械学習やディープラーニングのライブラリを使えます。ここでは、scikit-learnを使ってアヤメの花の品種分類を行うモデルを作成してみましょう。

これまでと同様にWatson Studioの「プロジェクト」画面から新規のNotebookを作成します。名称は、今回は「scikit-learn iris」としました。アヤメの花の品種分類はそれほど重い処理にはならないので、ランタイムは無料の「Default Python 3.5 Free」を選択します。「Create Notebook」ボタンをクリックします（図6.55 ❶❷❸）。

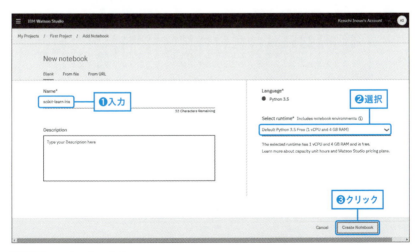

図6.55 Notebookの作成

## ● Irisデータセットの取得

　scikit-learnでは、機械学習でよく使用するデータセットは簡単に取得できるようになっており、アヤメの花の品種分類で使うIrisデータセットもその1つです。また、Watson StudioのNotebookでは、あらかじめscikit-learnは導入されているので、ライブラリのインストール作業は不要です。

　load_iris関数を使ってIrisデータセットを取得し、ラベルに相当するtargetと、アヤメの花のがくと花びらの長さを示すデータ（data）を表示してみました（リスト6.10）。

リスト6.10　Irisデータセットを取得してデータ（data）を表示

```
from sklearn.datasets import load_iris
iris_dataset = load_iris()
print('--- target ---')
print(iris_dataset['target'])
print('--- data ---')
print(iris_dataset['data'])
```

　図6.56のような結果が出力されるでしょう。

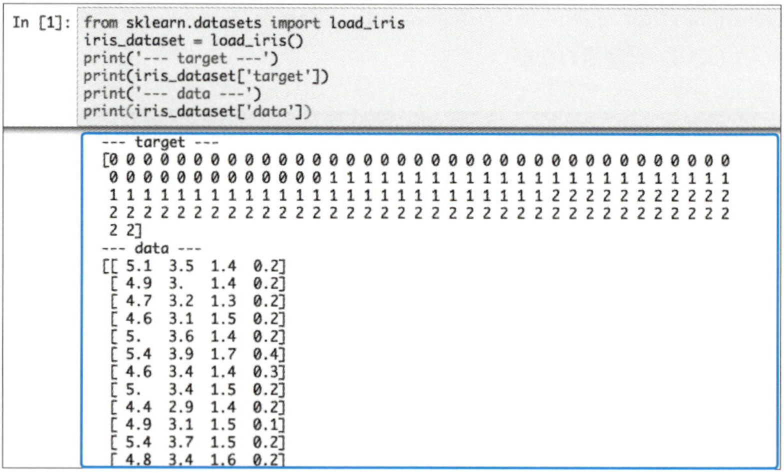

図6.56　アヤメの花のがくと花びらの長さを示すデータ（data）を表示

## ● 訓練データとテストデータに分割

取得したIrisデータセットを訓練データとテストデータに分割します（リスト6.11）。

**リスト6.11** Irisデータセットを訓練データとテストデータに分割

**In**

```
from sklearn.model_selection import train_test_split
X_train, X_test, y_train, y_test = train_test_split(iris_
dataset['data'], iris_dataset['target'], test_size=0.3,
random_state=0)
print(len(X_train), len(X_test))
```

30%をテストデータとして使用し、残りは訓練データにしました。それぞれのデータ数を出力すると、150個のデータのうち105個が訓練データ、45個がテストデータとして分割されたことがわかります（図6.57）。

```
In [6]: from sklearn.model_selection import train_test_split
        X_train, X_test, y_train, y_test = train_test_split(iris_dataset['data'], iris_dataset['target'], test_size=0.3, random_state=0)
        print(len(X_train), len(X_test))
        105 45
```

**図6.57** 訓練データとテストデータに分割

## ● モデルの学習と評価

モデルの学習を行います。ここではLinearSVCというアルゴリズムを使ってみることにしましょう（リスト6.12）。

**リスト6.12** モデルの学習

**In**

```
from sklearn.svm import LinearSVC
model = LinearSVC()
model.fit(X_train, y_train)
```

最後にモデルの精度を評価します（リスト6.13）。

**リスト6.13** モデルの精度を評価

**In**

```
model.score(X_test, y_test)
```

実行結果は図6.58のようになりました。テストデータを使って評価したところ、93.3％の精度で品種分類のモデルができたようです。

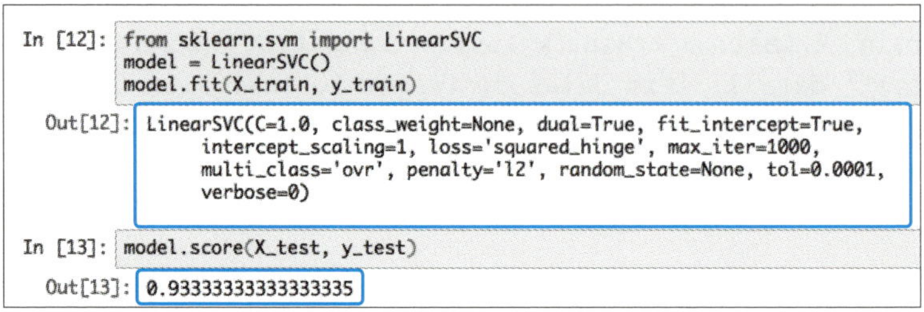

```
In [12]: from sklearn.svm import LinearSVC
         model = LinearSVC()
         model.fit(X_train, y_train)
Out[12]: LinearSVC(C=1.0, class_weight=None, dual=True, fit_intercept=True,
              intercept_scaling=1, loss='squared_hinge', max_iter=1000,
              multi_class='ovr', penalty='l2', random_state=None, tol=0.0001,
              verbose=0)
In [13]: model.score(X_test, y_test)
Out[13]: 0.9333333333333333
```

**図6.58** モデルの精度を評価

　このように、Watson Studioを使うとNotebookを使って自由にPythonのコードを実行し、機械学習やディープラーニングを試してみることができます。こうしたことはローカルマシンにAnacondaなどのPythonディストリビューションを導入しても同じことができます。しかし、ローカルマシンの性能が低い場合や自由にアプリケーションが導入できない場合、さらに環境構築をすることなく手軽なPythonの実行環境が欲しい場合などにWatson StudioでNotebookという選択肢は魅力的に映るでしょう。

　また、1つのプロジェクトに複数のユーザーを招待すると、NotebookやCOSにアップロードした独自のデータセットを共有することができます。Watson Studioを使うと、AIに関する共同作業が簡単にできるようになるのです。

## 6.3.2　Model Builderで回帰モデルを作る

　前項のようにNotebookを使うと、機械学習やディープラーニングに関するライブラリを活用したモデルを自由に作ることができます。また、より簡単にモデルを作る方法として、「Model Builder」や「Neural Network Modeler」といった機能も提供されています。まずは、Model Builderを使って機械学習のモデルを作成してみましょう。

　Model Builderで作成するモデルは、住宅価格の予測を行うモデルです。デー

タセットは、ボストン市の住宅価格データを使用することにしましょう。

### ● Watson Machine Learningインスタンスの関連付け

最初に、Watson Machine Learningのインスタンスを関連付けます。「Projects」画面のSettingsタブで、「Add service」のプルダウンメニューを開き、「Watson」をクリックします（図6.59❶❷）。

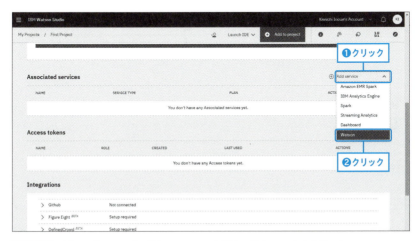

図6.59 「Add service」のプルダウンメニューを開き、「Watson」をクリック

Watsonのサービス一覧が表示されるので、「Machine Learning」の「Add」をクリックします（図6.60）。

図6.60 「Machine Learning」の「Add」をクリック

次に、Machine Learningサービスのインスタンス作成画面が表示されます。料金プランとして無料の「Lite」を選択し、画面下部の「Create」ボタンをクリックします（図6.61❶❷）（すでにMachine Learningのインスタンスを作成している場合は、「Existing」タブを開いて既存のインスタンスを指定してもかまいません）。

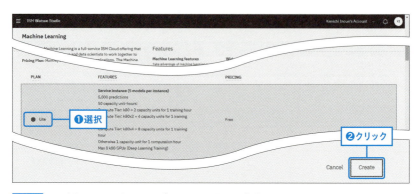

図6.61 Machine Learningサービスのインスタンス作成画面

続いて、「Confirm Creation」画面が表示されるので、「Confirm」ボタンをクリックすると（図6.62）、インスタンスの作成とプロジェクトとの関連付けが行われます。

「Projects」画面の「Settings」タブに戻ると、Watson Machine Learningのインスタンスが関連付けられていることを確認できます（図6.63❶❷）。

図6.62 「Confirm」ボタンをクリック

**図6.63** インスタンスの関連付けを確認

## ● データセットの準備

　Model Builderで使用するボストン市の住宅価格のデータセットを準備します。データセットはUCI（カリフォルニア大学アーバイン校）のWebサイトで公開されています。Webブラウザーでhttps://archive.ics.uci.edu/ml/machine-learning-databases/housing/にアクセスすると、housing.dataとhousing.namesというファイルが見つかるので、これらのファイルをダウンロードします（図6.64）。

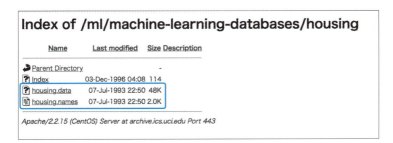

**図6.64** housing.dataとhousing.namesをダウンロード

　housing.dataというファイルが今回使用するデータですが、スペース区切りとなっているためそのままでは使用できません。適宜、テキストエディターなどを使用してカンマ区切りのCSVファイルに変換してください。また、housing.dataには項目のタイトル行がありませんので、housing.namesというファイルを参照してタイトル行を追加します。加工後のhousing.dataファイルは、図6.65のようになっているでしょう（ファイル名をhousing.csvに変更しています）。

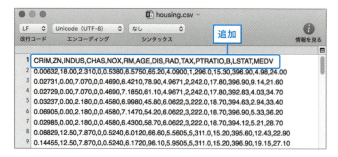

図6.65 housing.csvファイルの内容

加工後のhousing.csvファイルは、筆者のGitHubGist（https://bit.ly/2ReJAqp）で公開してありますので、こちらをダウンロードしていただいてもかまいません。

## ● Model Builderで回帰モデルを作成

それではModel Builderを使ってモデルを作成しましょう。Watson Studioの「Projects」画面で「Add to project」のプルダウンメニューを開き、「WATSON MACHINE LEARNING」をクリックします（図6.66 ❶❷）。

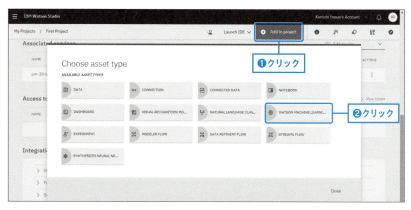

図6.66 「Add to project」のプルダウンメニューから「WATSON MACHINE LEARNING MODEL」をクリック

モデルの新規作成画面が開きます（図6.67）。適当な名前を付け（（ここでは「housing」と入力））、「Select model type」では「Model Builder」を選択しま

す[※8]。Model Builderでは、「Automatic」と「Manual」の2つの方法を選択することができますが、Model Builderで使用できる機械学習のアルゴリズムを自由に選択できるManualを選択します。ここで、Automaticを選択すると、機械学習のアルゴリズムが自動で決定されます。また、「Machine Learning Service」は先ほどプロジェクトに関連付けたMachine Learningのインスタンスが自動選択されています。「Select runtime」では「Default Spark Scala 2.11」を選択します。最後に、「Create」ボタンをクリックします（図6.67 ❶〜❺）。

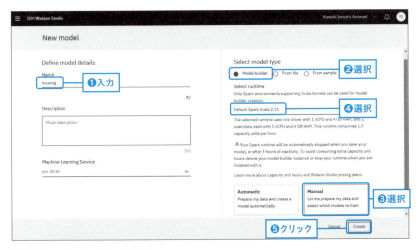

図6.67 モデルの新規作成画面

次に使用するデータセットを選択します。6.2.2項で画像認識用の訓練データをNotebookの画面からCOSにアップロードしましたが、それと同様の方法で`housing.csv`ファイルをアップロードします。アップロード後、画面中央のリストに`housing.csv`が表示されるようになるので、それを選択して「Next」ボタンをクリックします（図6.68 ❶〜❺）。

---

※8 「Select runtime」で「Default Spark Scala 2.11」を選択した際、「Your Spark runtime will be automatically stopped when you save your model, or after 3 hours of inactivity.」というような警告メッセージが表示されることがあります。これは、Sparkの動作によってCapacity Unit Hours（6.1.3項の MEMO参照 ）を消費するため、無駄に浪費しないように自動的に停止させる旨の説明です。本項で説明する操作には影響ありません。

**図6.68** ファイルのアップロード

　次の画面では作成するモデルの詳細を設定していきます。まず、「Column value to predict (Label Col)」で、予測を行いたい項目を指定します。housing.csvでは、行ごとに地域別のデータがセットされており、MEDVという列（項目）がその地域の住宅価格の中央値を示しています。今回のモデルが予測したいのは、この住宅価格であるため、「MEDV」を選択します。

　画面中央に3つの選択肢が表示されています。これらは次のような機能を表します。

- **Binary Classification（2値分類）**：SPAMメールか否かといったような2値の分類を行います。
- **Multiclass Classification（多値分類）**：ローン申請のリスクレベル（低・中・高）や、顧客がどのような種類の商品を購入するかなど、多値の分類を行います。
- **Regression（回帰）**：金額や個数などの数値を予測します。

　ここでは、住宅価格の予測を行うため「Regression」を選択して、「Add Estimators」をクリックします。（図6.69 ❶❷❸）。

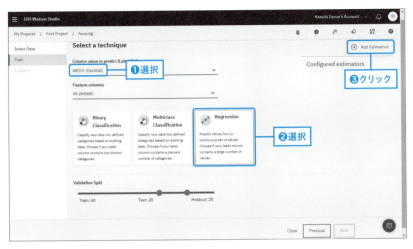

図6.69 モデルの詳細設定

この画面では、ほかにもいくつかの設定項目がありますので、表にまとめました（表6.1）。

表6.1 モデルの詳細設定項目

| 設定項目名 | 設定内容 |
| --- | --- |
| Column value to predict (Label Col) | 分類・予測したい項目（目的変数）<br>※本文参照 |
| Feature Columns | 分類・予測に使用したい特徴量（説明変数）<br>※特に無関係と思われる項目がなければ、Allでかまわない |
| Binary Classification / Multiclass Classification / Regression | どのような機械学習を行うか<br>※本文参照 |
| Validation Split | 与えられたデータセットを、どのような割合で分割して学習・評価を行うか |
| Configured estimators | 使用する機械学習のアルゴリズム<br>※本文参照 |

前の画面で「Manual」を選択しているので、「Add Estimators」（図6.69の右上）をクリックして表示される「Select estimator(s)」画面で使用するアルゴリズムを選択します。回帰（Regression）を行う場合は、図6.70のように5つのアルゴリズムを選択することができます。ここでは、すべてを選択して「Add」ボタンをクリックして、画面を閉じます（図6.70 ❶❷）。

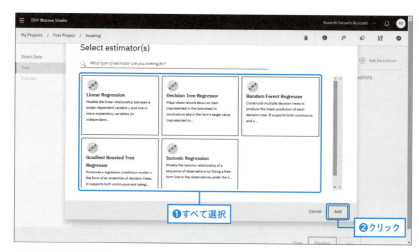

**図6.70** 使用する機械学習アルゴリズムの選択

　ここまでの設定が終わったら、「Next」ボタンをクリックして、学習と評価を開始します（図6.71）。

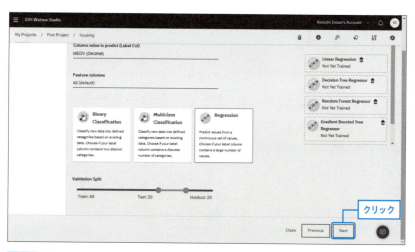

**図6.71** 学習と評価の開始

　図6.72のように、学習はアルゴリズムごとに進んでいきます。学習が終わったアルゴリズムは評価も自動で行われます。

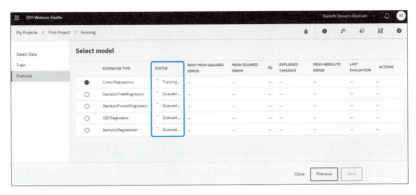

図6.72 学習はアルゴリズムごとに進む

　学習と評価が終わると、アルゴリズムごとにいくつかの精度指標が表示されます。この中では、R2（決定係数）を見てみましょう。R2は0～1の値を取り、1に近いほど精度が高いことを示しています。今回の実行結果では、RandomForestRegressorが0.84989と最も高い値を示している[※9]ので、これを選択して「Save」ボタンをクリックして保存することにしましょう（図6.73❶❷❸）。

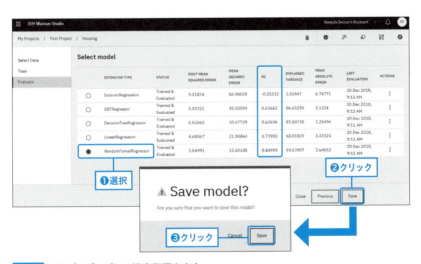

図6.73 アルゴリズムごとに精度指標を出力

---

※9　与えられたデータセットからランダムで訓練データとテストデータなどを分割するため、実行結果は常に同一というわけではありません。

このように、Model Builderを使えば複数のアルゴリズムで同時にモデルを作成し、最も高い精度が出たモデルを採用することも簡単にできます。

　保存したモデルは、「プロジェクト」画面の「Assets」タブに表示され、いつでもアクセスできるようになります（図6.74）。また、保存したモデルをデプロイすることで、Web APIなどとして別のシステムから呼び出すことができるようになるのですが、それは6.4節で説明することにします。

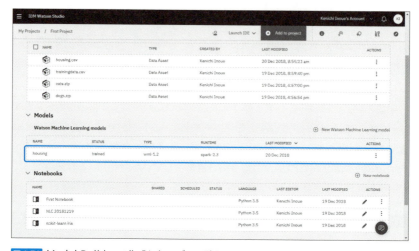

図6.74 Model Builderで作成したモデルの確認

## 6.3.3　Neural Network Modelerでディープラーニングモデルを作る

　前項で取り上げたModel Builderは使用する機械学習のアルゴリズムを指定するだけでモデルを作ってくれるというものでした。簡単にモデルができあがるため、まずは使用を検討したい機能ですが、一方で、モデルがどのように学習を進めるかの設計を自ら行いたくなることもあります。本項で取り上げるModelerはそのためのサービスであり、Webブラウザー上での操作でそうした設計を行うことができます。ちなみに、Modelerよりも深く検討して、モデルの開発を行いたい場合はNotebookを使ってPython用の機械学習ライブラリを使いながらプログラムを書いていくこともできますので、Modelerはちょうどその中間にある機能ということになります。

## ● Modeler FlowとNeural Network Modeler

　Modeler Flowは「Projects」画面のメニューの「Add to project」をクリックし、表示されたプルダウンメニューから「MODELER FLOW」を選択することで使用できるようになります（図6.75 ❶❷）。

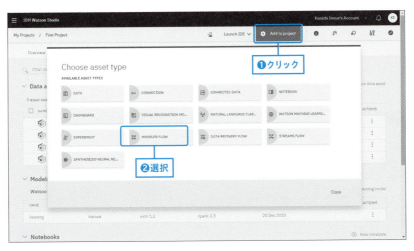

図6.75　Modelerを導入する

　Modeler Flowの新規作成画面では、どのようなフローを作成するか（flow type）を選択することができます。選択することのできるflow typeはModeler Flow MEMO参照 とNeural Network Modelerの2種類で、前者はIBMが以前から販売している統計解析ツールであるSPSSのクラウド版であり、後者はニューラルネットワークを設計できるものです。本項では後者のNeural Network Modelerを解説します。

>  **MEMO**
>
> ### Modeler Flow
>
> Watson Studioでは、Webブラウザー上でノードを組み合わせてモデルを作成する機能を「Modeler Flow」と称していますが、その中でさらにクラウド上のSPSS Modelerに相当する機能も同じ名前（つまり「Modeler Flow」）で呼んでいます。紛らわしいですね。

## ● MNIST

　ここでは機械学習の分野でお馴染みの手書き数字（0〜9の10種類）のデータセットであるMNISTを使い、画像認識のモデルを作成します。MNISTデータセットは、http://yann.lecun.com/exdb/mnist/ から入手できますが、Neural Network Modelerで使いやすい形式に変換したファイルがIBMから提供されていますので、それをダウンロードして使うことにしましょう。

　https://dataplatform.cloud.ibm.com/exchange/public/entry/view/903188bb984a30f38bb889102a1baae5にアクセスし、画面右上のダウンロードボタン（ ↓ ）をクリックします（図6.76）。

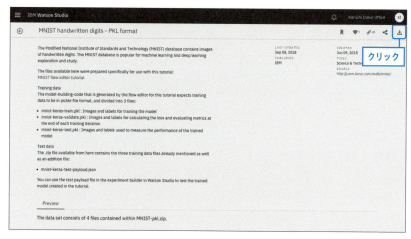

**図6.76** MNISTのダウンロード

　`MNIST-pkl.zip`がダウンロードされるので、展開して以下の3つのファイルを取り出します。

- `mnist-keras-train.pkl`
- `mnist-keras-validate.pkl`
- `mnist-keras-test.pkl`

　ほかに、`mnist-keras-test-payload.json`というファイルも含まれていますが、使用する必要はありません。
　ちなみに、3つのpklファイルはPythonのPickle形式のファイルで、それぞれ数値化された手書き数字データのリストと、教師データ（それぞれの手書き数字

データが0~9のいずれか）のリストをまとめたものです。数値化された手書き数字データを、matplotlibを用いて表示すると、図6.77のような手書き数字が表示されます。

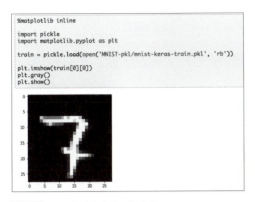

図6.77 matplotlibを使った表示

## ● COSにアップロード

3つのpklファイルは、COS上に専用のバケットを作成したうえでアップロードします。IBM CloudのダッシュボードからCOSの画面を開き（Watson Studioの環境作成時にCOSのインスタンスも作成されていますので、そのCOSインスタンス上にバケットを作成します）、「バケットの作成」をクリックします（図6.78）。

図6.78 バケットの作成

バケットの作成画面が表示されます（図6.79）。バケットの名前はシステム内でユニークな必要があります。ロケーションはWatson Studioのインスタンス

を作成している地域に合わせる必要があります。たとえば、Watson Studioインスタンスの地域が米国南部の場合は、バケットの「回復力」は「Cross Region」、「ロケーション」は「us-geo」を選択します（図6.79 ❶❷❸）。そのほかのオプションはデフォルトのままでよいでしょう。最後に、「バケットの作成」ボタンをクリックするとバケットが作成されます（図6.79 ❹）。

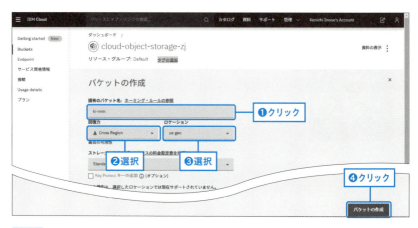

図6.79 バケットの作成画面

バケットが作成できたら、「ファイルのアップロード」をクリックして、3つのpklファイルをアップロードします（図6.80 ❶❷）。

図6.80 pklファイルのアップロード

## ● ニューラルネットワークのフローを作成

　Watson Studioの「Projects」画面で「Add to project」をクリックし、表示されたプルダウンメニューから「MODELER FLOW」を選択して、Modelerの新規作成画面を開きます。作成するフローの名前を付け（ここでは「mnist」としています）、「Select flow type」には「Neural Network Modeler」を選択して、「Create」ボタンをクリックします（図6.81 ❶❷❸）。

図6.81 Modelerの新規作成画面

　Neural Network Modelerが開きます。画面左上にあるパレットを開くボタン（■）をクリックすると、画面左にパレットが表示されます（図6.82）。このパレットにあるノードを、画面中央にドラッグ＆ドロップしてフローを作成することで、ニューラルネットワークのモデルを作っていきます。

図6.82 Neural Network Modelerの画面

ここでは図6.83のような設計のニューラルネットワークを、Neural Network Modelerで作成することにします。画像の畳み込みは1層のみ、平坦化を行ったあとの全結合が2層という単純なものです。＜＞内には参考までにKerasで実装した場合のレイヤー名（活性化については使用する活性化関数名）を記載しました。また、訓練時の最適化アルゴリズムは確率的勾配降下法（SGD）、損失関数は交差エントロピー（categorical cross entropy）を使用します。

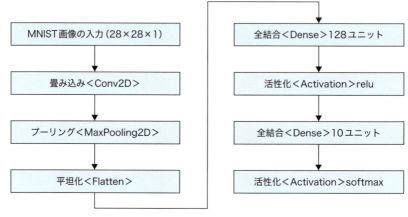

図6.83 作成するニューラルネットワークの設計

まず、パレットの「Input」を開き、「Image Data」を画面中央にドラッグ＆ドロップします（図6.84❶）。配置された「Image Data」ノードをダブルクリックすると、画面右にプロパティーが表示されるので、「DATA」セクションで「Create a connection」をクリックして（図6.84❷）、Data Connectionを作成し（図6.85）（すでにData Connectionが作成されている場合は、それを使用できます）、パラメーターを表6.2のように設定します。

表6.2 「DATA」セクションのパラメーター

| パラメーター | 設定値 |
| --- | --- |
| Data Connections | Watson Studioのプロジェクトと関連付けられているCOSへのコネクション |
| Buckets | 先ほど作成した3つのpklファイルをアップロードしたCOSのバケット |
| Train data file（訓練用のデータ） | mnist-keras-train.pkl |
| Test data file（学習済みモデルの精度評価用データ） | mnist-keras-test.pkl |

(続き)

| パラメーター | 設定値 |
|---|---|
| Validation data file（学習時に使用する精度評価データ） | mnist-keras-valid.pkl |

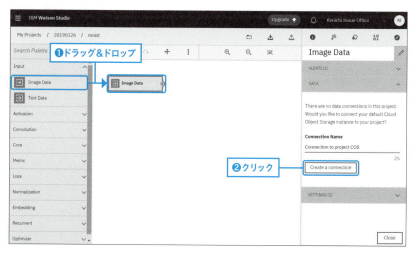

図6.84 Data Connection の作成

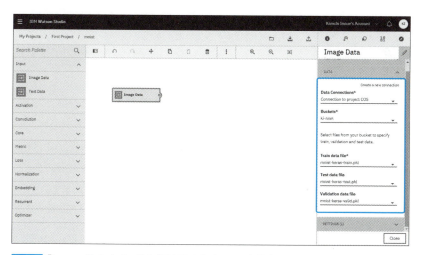

図6.85 「Image Data」ノードの「DATA」セクションを設定

次に、「Image Data」ノードの「SETTINGS」セクションのプロパティを設定していきます（図6.86）。表6.3にデフォルト値から変更が必要な項目のみ示します。

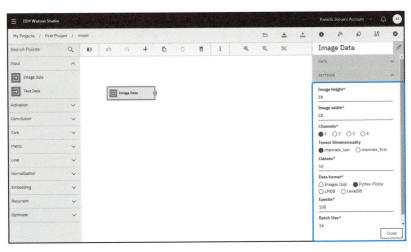

図6.86 「Image Data」ノードの「SETTINGS」セクションを設定

表6.3 「SETTINGS」セクションのプロパティ

| パラメーター | 設定値 |
| --- | --- |
| Image height | 28（MNISTは高さ28ピクセルのため） |
| Image width | 28（MNISTは幅28ピクセルのため） |
| Classes | 10（0～9の10種類のため） |
| Data format | Python Pickle |

　同様の手順で、図6.87のようにノードを接続します。パレットからノードを配置し、前のノードの右端にあるコネクタと、次のノードの左端にあるコネクタの間をマウスでドラッグ＆ドロップすると、ノード間の接続が行われます。また、ノードや接続を右クリックするとサブメニューが表示され、削除などを行うことができます。

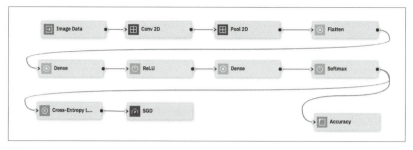

図6.87 ノードを接続していく

それぞれのノードとそれが存在するパレット上のセクションを 表6.4 に示します。

表6.4 ノードとパレット上のセクションの対応

| ノード | セクション | 説明 |
|---|---|---|
| Image Data | Input | 画像データの入力 |
| Conv 2D | Convolution | 畳み込み層 |
| Pool 2D | Convolution | プーリング層 |
| Flatten | Core | 平坦化 |
| Dense | Core | 1つ目の全結合層 |
| ReLU | Activation | 活性化関数（ReLU） |
| Dense | Core | 2つ目の全結合層 |
| Softmax | Activation | 活性化関数（Softmax） |
| Accuracy | Metric | 精度の評価<br>※Softmaxに接続 |
| Cross-Entropy Loss | Loss | 損失関数（交差エントロピー）<br>※Softmaxに接続 |
| SGD | Optimizer | 最適化関数（確率的勾配降下法）<br>※Cross-Entropyに接続 |

図6.88 の右上のAlertsアイコンに赤色のマークが表示されている場合は、作成中のフローに何らかのエラーがあることを示しています。Alertsアイコンをクリックすると情報が表示されます。適宜、参照しながら作業するとよいでしょう。

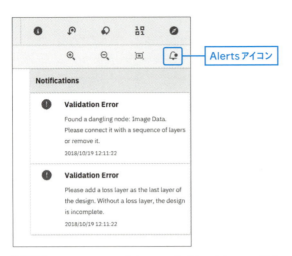

図6.88 Alertsアイコンに赤色のマークが表示されている場合

いくつかのノードではパラメーターを設定する必要があるため、それぞれの設定値を 表6.5 に示します。

表6.5 ノードのパラメーター設定

| ノード | パラメーター | 設定値 |
| --- | --- | --- |
| Conv 2D | Kernel row | 3 |
|  | Kernel col | 3 |
|  | Stride row | 1 |
|  | Stride col | 1 |
|  | Border mode | VALID |
|  | Weight LR multiplier | 1 |
|  | Weight decay multiplier | 1 |
|  | Bias LR multiplier | 1 |
|  | Bias decay multiplier | 1 |
| Pool 2D | Kernel row | 2 |
|  | Kernel col | 2 |
|  | Stride row | 2 |
|  | Stride col | 2 |
|  | Border mode | VALID |
| Dense（2つ目） | #nodes | 10（0〜9の10種類で分類するため） |

(続き)

| ノード | パラメーター | 設定値 |
|---|---|---|
| SGD | Learning rate | 0.001 |
|  | Decay | 0 |

これでフローの作成は完了です。

## ● Training Definitionの作成

次にTraining Definitionを作成します。Neural Network Modelerは、それ自体ではモデルの学習などを行うことはできず、WMLの環境を使って学習を行うための定義であるTraining Definitionを作成するところまでが機能の範囲です。ちなみに、Neural Network Modelerでは、WMLのためのTraining Definitionだけでなく、TensorFlowやKeras、Caffe、PyTorch用のソースコードを作成することもできます。ニューラルネットワークの設計と、モデルの学習や実行は切り分けられており、Neural Network Modelerは前者のみを担当するということになっているのです。

実際には、Training DefinitionはWML上でKerasを実行するためのプログラムコードなどのファイルが作成され、WMLにアップロードされるようになっています。

Training Definitionを作成するには、Neural Network Modelerのメニューバーにある「Publish training definition」ボタンをクリックします（図6.89）（TensorFlowやKerasなどのソースコードを出力する場合は、その左横にある「Download」ボタンをクリックします）。

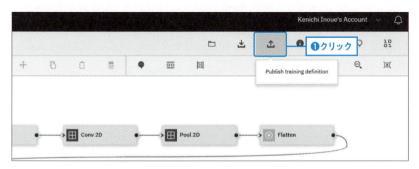

図6.89 Training Definitionの作成

「Publish Training Definition」画面が開くので、適当な名前を入力してから、WMLのインスタンス（ここでは「pm-20-ni」）を選択し、「Publish」（発行）ボタンをクリックします（図6.90 ❶❷❸）。

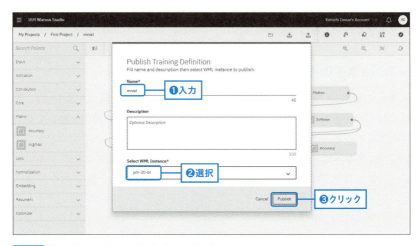

図6.90 「Publish Training Definition」画面

発行（Publish）が完了すると、その旨のメッセージと、Experimentを作成するためのリンクが表示されます。

## ● Experimentの作成と実行

Experimentでは、作成されたTraining Definitionをもとに、使用する計算環境などを指定し、モデルの学習を実行します。Training DefinitionのPublish完了後に表示されるリンクか、Watson Studioの「プロジェクト」画面の「Assets」タブに戻って、「New experiment」をクリックすると、Experimentの新規作成画面が表示されます。

まず、「Name」欄に適当な名前を入力し、Machine Learning Serviceとして既存のWMLのインスタンスが選択されていることを確認します（ここでは「mnist」と入力しました。図6.91 ❶❷）。もしプロジェクトに関連付けられたWMLのインスタンスが存在しない場合は、ここから新規作成することもできます。

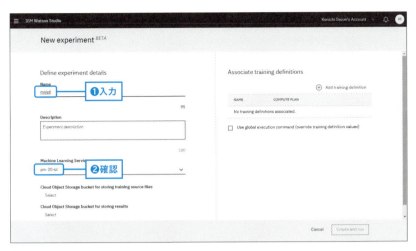

**図6.91** Experimentの新規作成画面

　次に、COSのバケットを選択します。学習用のソースファイルが保存されているバケット（Cloud Object Storage Bucket for storing training source files）と、結果を保存するバケット（Cloud Object Storage bucket for storing results）の2つを選択する必要がありますが、どちらも同じバケットでかまいません。ここでは、双方にNeural Network Builderで「Image Data」ノードのパラメーターとして指定した、MNISTのデータが保存されているバケットを選択しましょう。

　バケットの選択は、それぞれの「Select」ボタンをクリックして開く画面で「Existing connections」タブを開き、最初にCOSとのコネクションを選択します。Neural Network Modelerでコネクションを使用しているため、既存のものがあるはずです。コネクションを選択してから、次にバケットを指定します。「Existing」が選択されていることを確認したあとで、バケットを選択します。「Select」ボタンをクリックして完了させます（図6.92 ❶～❺）。

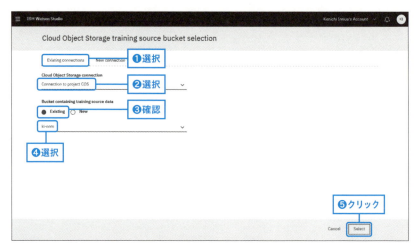

**図6.92** Cloud Object Storage（COS）のバケットを選択

ここまでの操作で、**図6.93**のように画面の左半分の設定が完了しました。

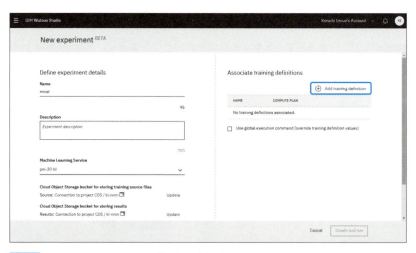

**図6.93** Experimentの設定画面（左半分が完了）

次に、画面の右半分を占めるAssociate training definitionsの設定を行います。先ほど、Neural Network Modelerの操作の最後で作成したTraining DefinitionとExperimentの関連付けを行う部分です。まず、「Add training definition」をクリックします（**図6.93**の右上）。

「Add training definition」画面の「Existing training definition」タブを開き、まず「Select training definition」を設定します。Neural Network Builderで作成したTraining Definitionが選択肢に現れるので、それを選択します。次に、「Compute plan」を選択します。「Compute plan」は、学習に使用するGPUの選択ですが、プランごとに料金と学習にかかる時間が異なります（ライト・プランでは無料で使用できる範囲が設定されています）。ここでは「1/2 x NVIDIA® Tesla® K80 (1 GPU)」を選択してみました。最後に、「Select」ボタンをクリックします（図6.94 ❶〜❹）。

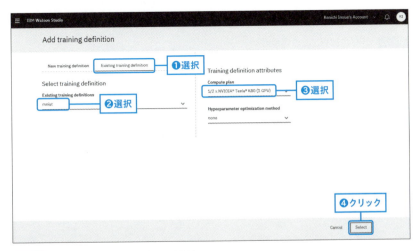

図6.94 「Add training definition」画面

　Compute planについては、IBM Cloudの「カタログ」で参照できるWatson Machine Learningのページでは図6.95のような説明がされています。

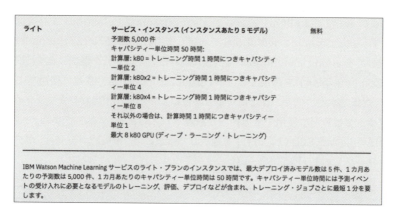

図6.95 GPUの種類ごとの課金[※10]

これでExperimentの設定は完了しました。最後に、「Create and run」をクリックします（図6.96）。Experimentが作成され、モデルの学習が始まります。

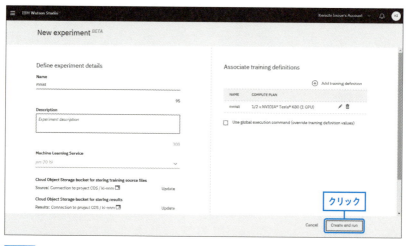

図6.96 モデルの学習開始

選択したCompute planにもよりますが、モデルの学習には時間がかかります（図6.97）。Experimentは最初にキューに入ります（「Queued」）。クラウド上

---

※10 キャパシティー単位時間は、6.1.3項のMEMOで説明したcapacity unit hoursの日本語訳です。NotebookではCPUとメモリ量で、Watson Machine LearningではGPUでcapacity unit hoursが設定されています。

の計算資源を使用するため、すぐに学習が始まるのではなく、待ち時間が発生することがあるのです。

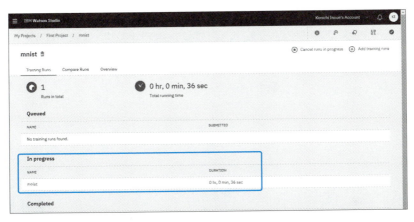

図6.97 学習には時間がかかる

しばらく待っていると、「In progress」に処理が移り、学習が始まっていることがわかります。ここで、「NAME」の部分のリンクをクリックすると、学習の途中でもその様子を見ることができます（図6.98）。

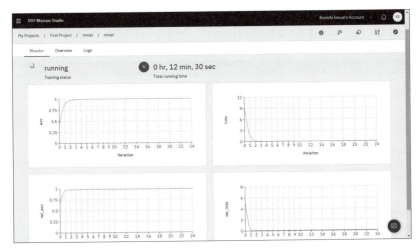

図6.98 学習状況を参照できる

学習が終わると、Experimentの画面では「Completed」に実行結果が表示されます。次節では、学習が終わったモデルをデプロイしてWeb APIとして使用

できることを確認するので、この実行結果を学習済みモデルとして保存しておきます。「Completed」にある「ACTIONS」メニューを開き、「Save model」を選択します（図6.99 ❶❷）。

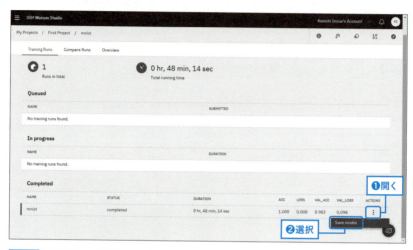

図6.99 実行結果を学習済みモデルとして保存

「Save Model」画面に切り替わり、名前を入力するよう促されるので、適当な名前を付けて「Save」ボタンをクリックします（図6.100 ❶❷）。

これでモデルはWMLに保存されます。

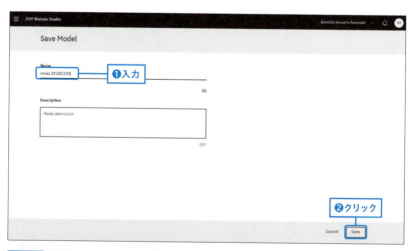

図6.100 実行結果に名前を付けて保存する

# 6.4 Watson Machine Learning

> ここでは、Watson Machine Learning（WML）を使った機械学習について説明します。

###  6.4.1 Watson Machine Learningとは

これまでの節でModel BuilderやNeural Network Modelerを使ったモデルの作成を行いました。その際に、Watson Studioのプロジェクトに関連付けたり、Neural Network Modelerで作成したフローをTraining Definitionとして発行（Publish）したりする対象として、WMLは登場しています。先にも説明したように、Watson Studioおよび、それに含まれるModel BuilderやNeural Network Modelerは、それ自体には機械学習の計算処理を行う機能を持っておらず、そうした計算処理はWMLに任せるという分担です。

また、機械学習を行って学習済みモデルが完成したあとは、公開して一般のアプリから呼び出して使うといった本番運用が待っています。学習済みモデルを使って分類や予測といった処理を行う際にも計算が必要となります。そのため、WMLには学習済みモデルをデプロイして、Web APIとして呼び出せるようにしたり、SDKなどを介してバッチ処理を行わせたりといったことができるようになっています。

###  6.4.2 Watson Machine Learningにモデルをデプロイする

前節でNeural Network Modelerを使ってMNISTの手書き数字を分類するモデルを作成しました。ここでは、そのモデルをデプロイしていくことにしましょう。また、Neural Network Modelerに限らず、Model Builderを使って作成したモデルも同様にデプロイできます。

Watson Studioで「Projects」画面の「Assets」タブを開きます。「Watson Machine Learning models」のところに、前節のNeural Network Modelerで保存したモデルが表示されています。また、Model Builderで作成したモデルも表示されていることがわかります。

ここでは、Neural Network Modelerで作成したモデルをクリックします（図6.101）。

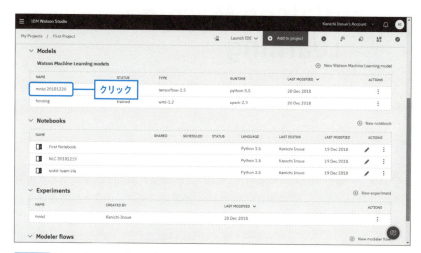

**図6.101** Neural Network Modelerで作成したモデルをクリック

「Deployments」タブを開き、「Add Deployment」をクリックします（**図6.102** ❶❷）。

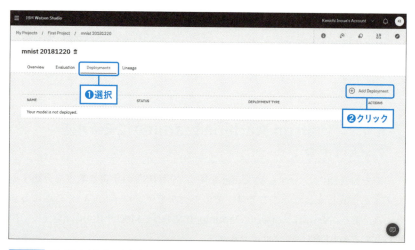

**図6.102** モデルをデプロイする

「Create Deployment」画面が表示されるので、適当な名前を「Name」欄に入力し、「Deployment type」として「Web service」を選択します。「Web service」を選択するとHTTPSリクエストで呼び出すことのできるAPIが公開されます。最後に「Save」ボタンをクリックします（**図6.103** ❶❷❸）。

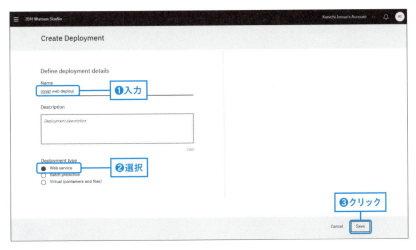

図6.103 デプロイ設定の完了

　自動的に「Deployments」タブに戻ります。しばらく待って「STATUS」が「DEPLOY_SUCCESS」になればデプロイは完了です。さっそく、名前をクリックしてみましょう（図6.104）。

図6.104 デプロイ完了

　「Implementation」タブを開くと、APIを呼び出すためのエンドポイントなどの情報が表示されています（図6.105）。また、「Code Snippets」にはcURLやPythonを使ってAPIを使用する場合のプログラムコードのサンプルが示されるので、簡単にAPIを使用するプログラムを実装することができるでしょう。

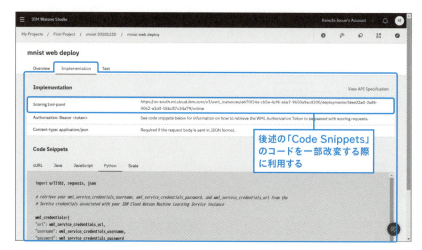

図6.105 「Implementation」タブ

　ここでは、Watson Studioで新規のNotebookを作成し、「Code Snippets」に表示されたPython用のコードを使ってAPIを呼び出してみましょう。

　先にAPIを使ってモデルに認識させたいデータを準備します。Kerasを使ってMNISTのデータを取得します（リスト6.14）。

リスト6.14　MNISTのデータを取得

In

```
%matplotlib inline
from matplotlib import pyplot as plt
from keras.datasets import mnist
import numpy as np

(X_train, y_train), (X_test, y_test) = mnist.load_data()

# テストする画像と正解ラベルの表示
plt.imshow(X_test[0])
plt.gray()
plt.show()
print(y_test[0])

# Watson Machine Learningに引き渡すvalueへの変換
value = np.reshape(X_test[0], (28, 28, 1)).tolist()
print(value)
```

ここでは、テスト用の教師データ（y_test）と手書き数字データ（X_test）の最初の要素を取得し、表示しています（図6.106）。

図6.106 MNISTのデータを表示

認識させたい手書き数字は「7」のようです。APIを呼び出すには（28, 28, 1）のリストにする必要があるためNumPyを使って配列の形状変換（reshape）と、NumPyの配列からPythonのリストに変換（tolist）する処理を同時に行っています。

さっそく、このデータを使用してAPIの呼び出しを行いたいところですが、「Code Snippets」に表示されたコードにはWMLのサービス資格情報がセットされていません。先にIBM Cloudのダッシュボードから使用しているWMLのインスタンスを表示し、サービス資格情報を取得します（図6.107 ❶〜❹）。必要な情報はurlとusername、passwordの3つです。instance_idの値はあらかじめコードに含まれています（図6.108）。

**図6.107** サービス資格情報を取得

**図6.108** サービス資格情報から必要な情報を取得する

「Code Snippets」のコードを一部改変したコードは リスト6.15 のようになります。

**リスト6.15** 「Code Snippets」のコードを一部改変したコード

**In**

```
import urllib3, requests, json

# retrieve your wml_service_credentials_username, wml_
service_credentials_password, and wml_service_credenti
als_url from the
# Service credentials associated with your IBM Cloud W
atson Machine Learning Service instance
```

280

```
wml_credentials={
"password": "＜Watson Machine Learningのpassword＞",
"url": "https://ibm-watson-ml.mybluemix.net",
"username": "＜Watson Machine Learningのusername＞",
}

headers = urllib3.util.make_headers(basic_
auth='{username}:{password}'.format(username=wml_crede➡
ntials['username'], password=wml_credentials['password➡
']))
url = '{}/v3/identity/token'.format(wml_➡
credentials['url'])
response = requests.get(url, headers=headers)
mltoken = json.loads(response.text).get('token')

header = {'Content-Type': 'application/json', 'Authori➡
zation': 'Bearer ' + mltoken}

# NOTE: manually define and pass the array(s) of value➡
s to be scored in the next line
payload_scoring = {"fields": ["prediction"], "values":➡
 [value]}

response_scoring = requests.post('＜デプロイ時に発行されたAP➡
Iのエンドポイント＞', json=payload_scoring, headers=header)
print("Scoring response")
print(json.dumps(json.loads(response_scoring.text), ➡
indent=2))
```

このコードをNotebookで実行してみましょう（図6.109）。

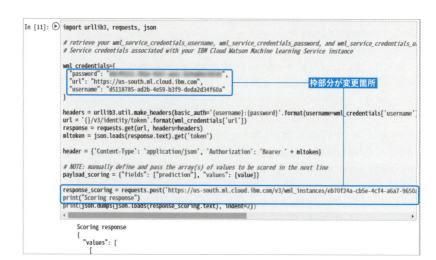

図6.109 改変したコードを実行

　認識した結果は values 配列に含まれています（複数の手書き数字データをまとめて認識できるので2次元配列になっています）。図6.110 を見るとわかるように、values 配列の8番目の要素が 1.0 と最も数値が大きくなっています。

```
Scoring response
{
  "values": [
    [
      7.119792958777972e-31,
      0.0,
      8.866050092648958e-20,
      7.481255055734567e-17,
      6.437162042278059e-29,
      2.230659246872934e-27,
      1.0209032836041771e-36,
      1.0,
      3.257783301082907e-27,
      1.2123560701373901e-23
    ]
  ],
  "fields": [
    "prediction"
  ]
}
```

8個目の要素（数字の7）が最も数値が大きい

図6.110 認識結果の出力

　このように Watson Studio を使えば、さまざまな方法でモデルを作成し、デプロイまでを一気通貫で行えるようになっています。Watsonのほかのサービスと比べると、機械学習やディープラーニングに関する知識が問われてしまうという難点はありますが、最も柔軟にAIを作り、使うことができるサービスとなっています。

# CHAPTER 7
## Watsonをビジネスに活かす（Watson導入企業インタビュー）

これまで学んだ技術をもとに、現場ではWatsonがどのように利用されているのか、実際にWatsonを導入している企業にインタビューをしました。事例をもとに、Watsonをビジネスに活かす方法について学びます。

・株式会社ハタプロ
・日本航空株式会社

## 7.1 株式会社ハタプロ

これまでの章で学んだAPIを組み合わせ、実際にサービスとして提供している株式会社ハタプロのAIロボットZUKKU（ズック）の事例から、AIサービスを用いた製品開発や手法について紹介します。

　株式会社ハタプロは、AIやIoT技術に強みを持つロボティクスカンパニーです。その主力製品のひとつが、AIが搭載された手のひらサイズのフクロウ型ロボット「ZUKKU（ズック）」です。ZUKKUは、本体のサイズもコンパクトで、多用途に利用できることから、小売など商業のさまざまな場面に応用されつつあります。

　ZUKKUが搭載しているAIには、Watsonを採用しています。IoTデバイスにWatsonを組み込むうえでの勘どころや苦労、ビジネス展開について、ハタプロ代表取締役の伊澤諒太氏に聞きました。

（聞き手：羽山 祥樹）

株式会社ハタプロ 代表取締役 伊澤諒太氏

## ● ZUKKUを統合する部分を、IBM CloudとWatson Assistantで担っている

——ZUKKUにはWatsonが使われていると聞きました。どのような用途で使っているのでしょうか。

ZUKKUは、AIを搭載した手のひらサイズの小型ロボットと、クラウドを活用した接客支援サービスです。店舗に設置されたロボットが、自動で顧客を見つけて対話することで現場を助けます。かつ、そのロボットが見たこと、聞いたことなどのデータがクラウドに集まり可視化され、店舗運営者がマーケティングに活用できるというものです。

まず、ZUKKU自体がIBM Cloud上で動いています。それに加えて、Watson Assistantを、対話をコントロールする部分で使っています。

ZUKKUは、いろいろなベンダーのAIサービスのよいところを組み合わせて、ひとつのIoTデバイスとして成り立たせています。Watsonだけではありません。たとえば、音声の聞き取りはGoogleの技術を利用しています。日本語の音声合成にはNTTグループの技術を応用していて、人間を検知するためのセンサーも付けています。カメラに人間が映ったときに、その人の年齢や性別を判断するために、パナソニック株式会社の研究をもとにした映像認識技術を用いています。ベンダーによって、Watsonはこれが得意とか、Googleはこれが得意とか、得意、不得意の分野があります。よい分野をうまく組み合わせて、ZUKKUというロボットを作っています。

そして、それらを統合する部分をIBM Cloudと、Watson Assistantの自然言語処理で担っています。

## ● ZUKKUを置く場所によって、会話のシナリオが決まる

――Watson Assistantは、具体的に何をしているのですか。

　会話の構築、自然対話のシナリオを作っています。インテント(第4章参照)をたくさん学習させて、ダイアログを組み立てるのです。

　ZUKKUはB2B向けに展開しているので、導入される企業に合わせて学習内容をきめ細かく調整しています。小売業であれば、そこで扱っている商品の名前を学習させます。売り場を訪れるお客様にアンケートをとるときは、アンケートの用語を学習させます。試供品サンプルの宣伝をしたいならば、その試供品に紐付いた情報を学習させるといった具合です。

　ポイントとしては、ZUKKUを置く場所によって、会話のシナリオが決まるところです。たとえば小売店舗で、新商品のコーナーに置くのならば、その商品のことを中心に学習させます。設置場所を訪れるお客様の属性に特徴があるようであれば、年齢性別ごとに会話シナリオを組み立てます。自動販売機の中に設置して、コミュニケーションロボットとして機能させた事例もあります。

　いかに対話を成り立たせるか。それが、難しくもあり、面白いところでもあります。ZUKKUはリアルの対話が基本です。たとえば同じ意味の質問でも、人によって表現が異なります。「この商品、何ですか?」と言う人もいれば、「何これ?」と言う人もいます。このような違いに対応できるようにしなければなりません。学習はもちろんのこと、会話シナリオの組み立て方についても検討します。たとえば、ZUKKUのほうから「この商品は何ですか、と言ってね」という語りかけをすれば、ユーザーの質問を誘導することができます。

　Webのチャットボットと比べて、実店舗の場では長い会話はできません。長い文章を発話させてしまうと、ロボットがずっとブツブツ言っている印象になってしまいます。そこで、ZUKKUでは、タブレットのディスプレイを併用してビジュアルも見せることで、なるべく発話を短くする工夫をしています。

　ZUKKUでは、Watsonをベースにして、ディスプレイに表示する画像もコントロールできるようにしています。会話に応じて自由に画像を変えたり、人がいないときに動画が流れるようにしたりすることができます。目の前に男性がいたら男性向けの営業コンテンツを、女性なら女性向けのものをプロモーションできます。年齢別に変えることもできます。それぞれの属性で刺さるポイントが異なってくるので、対象によってコンテンツを分けられるというのは大きいですね。

―― ZUKKUにWatsonを組み込むときに、苦労はありましたか。

　最近はとても使いやすくなりました。Watson Assistantには、3～4年前から取り組んでいます。当時はまだ「Dialog」という名称のサービスでした。

　3～4年前はまだ出はじめだったので、情報がまったくありませんでした。問い合わせをしようにも、海外なので時差があったり、もらえる情報も少なかったりしました。ずいぶん試行錯誤しました。今ではWatsonのエンジニアコミュニティーもあって、調べればすぐにわかりますが、黎明期だったので、あまりそういうのがなかったのです。

―― 今から3～4年前というと、本当に初期ですね。その苦しさは、どうやって乗り越えたのですか。

　ZUKKUという構想がまず先にあったのです。このキャラクターを絶対にしゃべらせたい。このキャラクターを世にちゃんと出して、いろいろと活躍させたいという気持ちがありました。そのため、ZUKKUを思いどおりに動かすには、どうしてもWatsonが必要でした。何が何でもやらなければいけない、という意志が強くありました。

## ● 表現力の豊かなサービスにするには、Watsonが必要だった

——どうしてもWatsonが必要だったというのは、どういうことですか。

　人間との会話を成り立たせるためには、Watsonでないとできない部分が多かったからです。

　ZUKKUは人間との会話にタブレットの画面を併用しています。ZUKKUのタブレット画面のフロント側は、HTML＋CSS＋JavaScriptなどの技術で処理している部分が多いのです。それらを扱うには、Watsonがいちばん使いやすかったです。

　声をかけ合っているだけだったら、別にWatsonでなくてもよかったのですが、事前の検討で、ビジュアルも併用して見せるにはWatsonがいちばん使いやすいということがわかっていました。Dialog（現Watson Assistant[※1]）にHTMLを直接書き込み、BGMを付けたり、画面の装飾を付けたり、Webサイト* *を表示させるコードを埋め込んだりするのも簡単だったので、ZUKKU独自のサービスに仕上げるためのカスタマイズもしやすかったのです。

　我々が求めていたのは、ちゃんとした販売員、営業マンとして活躍できる、表現力の豊かなサービスロボットです。その要件を満たすには、当時、Watsonが必要でした。振り返ると、自分たちの選択は正しかった、と思いますね。

## ● お客様との接点を増やすことで、これまで収集できなかったリアルの場の情報まで集めることができる

——ZUKKUは、応対したお客様のデータをクラウドで可視化することもできると聞きました。それはどういうものですか。

　ZUKKUは、IBM Cloudで動いているので、お客様とリアルの場で対話したものを、情報としてクラウドに収集して蓄積することができます。お客様からどういう声があったのかを可視化することができます。

　たとえば、小売店にZUKKUを設置して、画像認識を通じて、その場所に、何人の人が来て、男女比はどれくらいだったのか、年齢はどれくらいか、滞在時間はどうだったのか、1時間ごとに人数の推移はあったのか、そういった情報がクラウドに可視化されます。マーケティングに活用できるようなデータも取得できます（図7.1）。

---

※1　ZUKKU開発当時は、Watson AssistantはDialogというサービス名でした。

これは、従来のレジのPOSデータだけでは、判断しづらかった情報です。POSデータは購入している人のデータです。購入しないで見ただけとか、立ち寄った人とか、そういった潜在購買層のデータは、これまでなかなか取得できませんでした。ZUKKUを置くことで、そういった情報も見えてきます。

**図7.1** ZUKKUはハードウェアとクラウドから構成される

さらに価値があるのは、会話のログがすべて残ることです。性別や年齢、どのような受け答えをしたのか、ぜんぶ記録してあります。

たとえば、食品メーカーの事例があります。ご紹介しましょう。

> 男性に売れている商品、女性に売れている商品がある。女性が目の前にいると検知したZUKKUは、女性向けの商品を提案する。それに対して女性が「No」と回答したら、そのデータがクラウドに蓄積される。マーケティング担当者はそのデータを見て、その商品の販売戦略を再考した（ 図7.2 ）。女性に売りやすい商品だと思っていたが、現場からは違う声が上がってきた。この地域は購買層が異なるのかもしれない。来月は営業コンテンツを変えてみよう。

このような対応を取ることができるようになります。

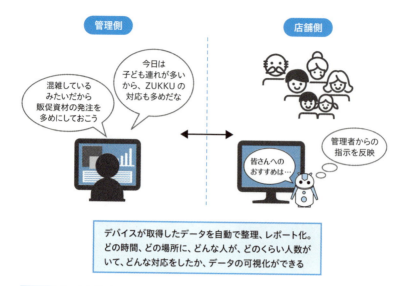

図7.2 データを蓄積・分析し、可視化できる

　これまで、営業担当者や販売員が、そのような会話を実店舗の現場でしていました。ところが、マーケティング担当者や商品企画には、その情報がなかなか可視化されていませんでした。ZUKKUを使うと、誰が本当のお客様なのかを可視化できるのです（図7.3）。企業のマーケティング担当者からは高評価を得ています。

　オンラインショップならば、アクセス解析ツールを入れて、チャットボットを入れれば、どのような人が訪問していて、どのような会話をしたのかを可視化できます。ただ、これをリアルの場で行うのは難しいものです。ZUKKUを使えば、Webのチャットボットをリアルの場へ持っていき、お客様との接点を増やすことで、これまで収集できなかったリアルの情報まで集めることができるわけです。

　ZUKKUは店舗の商品棚に置きやすいサイズです。動力としてモーターでなく電磁石を用いることで、静音・省電力で、長時間稼働に対応しています。ほかにも細部まで工夫をしています。「大きいロボットでなくても、シンプルにやりたいことができる」「実用性が高い」。小売店の現場から、そういうものが欲しいという声があって生まれたというのもあります。自ら営業する商品棚、そういう感じですね。

　ZUKKUには、Webではなく、現実の場所、リアルの場で実施する面白さがあります。

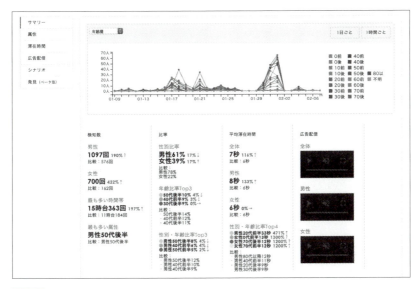

図7.3 ZUKKUで収集したデータのサマリー

――リアルの場ならではの面白さとはどういうものでしょうか。

リアルの場は相手からの情報が得やすいのがいいですね。たとえば、ZUKKUを介護施設に設置しておいて、ZUKKUを通じてアンケートをとると、通常よりも回答が得られやすいということがわかりました。このアンケートでは、ロボットが入居者を検知すると、「健康チェックしましょう」と入居者に語りかけます。そして、自然な音声対話をしながら、健康に関するアンケートをとっていきます。世の中には、健康の情報を収集するスマホのアプリはたくさんあります。でもスマホのアプリだと、高齢者の方が自らアプリを起動してアンケートに答えるということはなかなか期待できません。ところが、ロボットから語りかけることで、コミュニケーションができるのです。

ロボットというインタフェースとして、チャットボットをリアルな場でやるということは、Webにとどまらない価値があると実感しています。リアルな場だからこそのWatson、チャットボットの可能性があります。

## ● リアルの場にもWatsonを、という潮流になりつつある

　時代のトレンドが「リアルの場にもWatsonを」という潮流になりつつあります。これは肌で感じている部分です。

　実際に、Webのチャットボットを早くから手掛けている企業から、ZUKKUをベースに自社キャラクターのロボットを共同開発して、自社施設の各所に展開することができないか、という相談が増えてきています。もともとWebのチャットボットで、それをリアルな場のロボットにして、より可能性の幅を広げるという取り組みです。

　地方自治体とも連携し、地域内の観光案内所や、お土産を買うショップや、ホテルのチェックインのカウンター、観光バスなどに配置する予定です。観光地のあちこちに、見渡すとWatson搭載のご当地キャラクターのロボットがいるという感じにします。もちろん多言語で対応します。

　人を検知していないときは旅を喚起させるような動画を流しておき、人を検知するとロボットのほうから話しかけてきます。リアルの場でのコミュニケーションなので、画像と短いコミュニケーションを前提に、何でもない会話から最終的には商品の認知を狙っています。

　ただプロモーションをするだけではなく、はじめてその場所に来た人のためにQ&Aも答えられるようにしてあります。企業や自治体がおすすめしたい商品を、対話しながら、宣伝しながら、Q&Aのコンテンツも入れることで、その場に来たお客様の顧客満足度を上げる…。リアルな場のロボットを通じて、そういうことを実現していこうとしています。

## ● ビジネスとして成り立たせるには、サービス的な視点とエンジニアリング的な視点が必要

——ビジネスとして成り立たせるためには、Watsonをただ使うのではなく、サービスとして全体を設計する視点が必要なのですね。

　ZUKKUはB2Bのプロダクト＆サービスなので、導入するクライアントに合わせて、カスタマイズしやすい設計にしています。技術的な設計だけでなく、サービス的な設計で工夫しているところです。サービス的な視点とエンジニアリング的な視点は、今後、どんどん近づいていきます。両方の視点を持つことができる人が重宝される時代になっていくでしょう。

　我々がWatsonを選んだプロセスも、サービスと技術を両方ともすり合わせて、そのときの最適な選択をしました。本書を手に取っている、エンジニアの方々にも、ぜひそれを意識していってほしいと思います。

# 7.2 日本航空株式会社

日本航空株式会社の、Watsonを利用したチャットボット「マカナちゃん」の成功事例から、Watsonを用いたビジネスの企画について紹介します。

　日本航空株式会社（以下、JAL）は、Watsonを利用したチャットボット「マカナちゃん」（ 図7.4 ）をリリースし、好評を得ています。またロボットに搭載することで、リアルの場とWebをつなごうとしています。AIを使った事業を広げていくためには、どのようなポイントがあるのでしょうか。Watsonを用いたビジネスの企画について、JALの岡本昂之氏と德門桃氏に聞きました（以下、敬称略）。

（聞き手：羽山 祥樹、伊澤 諒太）

図7.4 マカナちゃん：バーチャルアシスタントが、あなたにピッタリな旅をおススメします！
URL　https://www.jal.co.jp/inter/makana/

## ● AIをビジネスに使う「肌感覚」を得るために、考えるよりもまず取り組んでみることにした

——御社は「マカナちゃん」で、Watson導入の成功企業として注目されています。成功の背景に、どのような努力があったのでしょうか。

岡本：
　Watsonへの取り組みをスタートしたのは、2016年のはじめです。私たちは、当社のWebサイトの運営や国内・国際航空券、ツアー商品の販売などを行うWeb販売部に属していて、当時の中期計画（2017年〜2020年）のテーマのひとつとして「AIの活用」が挙がっていました。すでに当時からAIはニュースでいろいろと話題になっていました。AIはビジネスにも消費者にも大きなインパクトを与えるだろう、という印象がありました。しかし、実際のところ、AIがどのように世界を変えていくのか、どうすればAIをビジネスに組み込んでいけるのか、肌感覚がありませんでした。

　そこで、考えるよりもまず取り組んでみることにしました。そもそもAIがわからないのに、AIをビジネスに組み込むことはできない。社内も説得できないし、担当者としても暗闇の中を進むようなものです。だから、まず小さくスタートを切ることにしました。

　その当時からすでに世界的に事例が多かったのが、IBMのWatsonです。自然言語の理解、画像認識、音声合成、どの分野でもWatsonの事例が圧倒的に多かったのです。有名でブランド力もありました。そこで、日本IBMに相談をした

のです。

　まず、IBMとJALの合同でワークショップをしました。予約、搭乗、機内、何から何まで、弊社のサービス領域・ビジネス領域の範囲で、AIで何をどのように提供できるのか、ディスカッションして、ビジョンを描きました。JALはビジネスサイドの観点で、IBMはテクノロジーサイドの観点でワークショップに参加し、Watsonをどのように活用できるのか、構想をバーッと描いていきました。

　ビジョンを描き終えてから、どこからはじめるべきか検討しました。そして、最初に着手したのが、チャットボット「マカナちゃん」です。

　「マカナちゃん」が世に出たのは2016年12月です（検討開始から約半年でした）。まず、ベータ版としてリリースしました。ターゲット顧客は、赤ちゃん連れでハワイ旅行に行く家族。スコープを限りなく小さく絞りました。「機内で赤ちゃんが泣いたらどうしよう」というような、赤ちゃん連れで旅行に行くときのさまざまな疑問に回答するチャットボットです。WatsonのNatural Language Classifier（NLC）とDialog（現Watson Assistant）を組み合わせ、会話フローの設計をし、学習をさせました。

　ベータ版として、期間限定で公開したチャットボットの評判は上々でした。そこで、さらに次のレベルを目指すことにしました。

　2017年7月に第2弾を公開しました。単にチャットボットとして学習させたFAQを答えるだけではなく、外部の情報をおすすめできる仕組みを作ろうと考え、トリップアドバイザー[※2]という大手の旅行情報サイトと連携をしました。加えて、ユーザーに、よりAIを楽しんでもらうため、WatsonのPersonality Insightsで性格判定をするというお楽しみ機能も付けました。

※2　トリップアドバイザー：世界最大の旅行サイト。旅行についての口コミや価格の比較が中心。
　　URL　https://www.tripadvisor.jp/

2017年12月には第3弾を出しました。Watsonの画像認識サービスのVisual Recognitionを組み込みました。「マカナちゃん」の会話のバリエーションを増やすためのチャレンジでした。Instagramが流行るなど、ユーザーが画像をたくさん持つようになりました。その画像を「マカナちゃん」に送ると、そのユーザーが好きそうなものを、トリップアドバイザーが持つホテルや地域の情報と結び付けておすすめしたら面白いと考えました。たとえば、ゴルフをしている写真だったら、ハワイのゴルフ場をおすすめしてくれます。

最新が第4弾です。2018年12月にリリースしました。JALの提供するハワイ旅行用スマホアプリ「HAWAIICO」に「マカナちゃん」を組み込みました。「マカナちゃん」がWebサイトからアプリになったことで、まずユーザビリティが格段によくなりました。それから、第4弾の企画中に、WatsonのDiscoveryが日本語に完全対応したので、さっそく導入しました。「HAWAIICO」のアプリには、数千のハワイに関する記事があるのです。Discoveryの検索機能を用いて、それらの記事に回答するようにしました。

今までの「マカナちゃん」が答えられる範囲は、学習済みの回答や、トリップアドバイザーのおすすめだけでした。ユーザーがニッチな質問をすると「ごめんね、マカナ、わからない」と回答していました。それを解決したのが、Discoveryの検索です。たくさんの記事があるので、ニッチな質問にも関連する回答が示せるようになりました。

「マカナちゃん」の導入が成功したのは、AIの使い方を決めつけたり、精緻なロードマップを描いたりしたわけではないという点にあります。ロードマップを早い段階で精緻に描きすぎてしまうと、そのことに縛られてしまい、新たな発想が生まれなくなります。私たちは、「マカナちゃん」の使われ方や、Watsonサイドの機能強化の様子を見ながら、やるべきことを柔軟に選んできました。粘り強くアジャイルな姿勢を貫いたことがよかったのだと思っています。

## ● AIを使うプロジェクトでは、柔軟に舵を切ることが大事

──先ほど「アジャイル」というキーワードがあったとおり、プロジェクトを柔軟に組織しながら進めていると思いました。それができるのはなぜですか。

岡本：

　社内の人間に繰り返し、ちゃんと説明することです。AIは変化の波の中にあり、使われ方も変わってきます。ビジネス上の課題も変わってきますし、AIを含む技術もどんどんアップデートされていきます。今日はできなかったことが、明日にはできるようになるかもしれません。AIについて、現在の情報だけで長期の

ロードマップを描くのはナンセンスです。

そうではなく、アジャイルに進めるからには、現在の課題は何で、次にどのようなステップアップを狙うのか。ステージごとに、その意義を常に明確にするようにしています。

——ステージごとの意義というのは、どのようなものでしょうか。

たとえば、第1弾のリリースのときは「AIを使ってみた肌感覚を得る」ことが意義でした。つまり、「AIが学習する」ということはどういうことなのか。結果として肌感覚はわかりましたが、とにかく教育が大変でした。

実際に「マカナちゃん」をリリースしてみてわかったことは、いろんなユーザーがいるということです。「マカナちゃん」にハワイのことを尋ねるだけではなく、「元気？」「マカナちゃんの名前の由来は？」というような、遊び感覚で話しかけてくるユーザーが結構いることに気が付きました。

そこで、ユーザーの遊び感覚を満たせばAIと会話するのがもっと楽しくなるのではないかと考えました。たとえば、Personality Insightsを使ってみたり、Visual Recognitionを使ってみたりして、「マカナちゃん」とのふれあい方や会話の幅を広げていこうというわけです。そうして第2弾、第3弾を企画しました。

第4弾では、ビジネスに貢献していくことを意義にしました。ハワイの需要喚起です。チャットボットの利用者層を広げる、リピート率を上げる（再利用）、利用場面を増やす、という3つの軸を設け、全体利用者数を底上げすることで多くの人にハワイの魅力を知っていただく、というシナリオを描きました。第4弾の「HAWAIICO」は、アプリにすることによって、再利用を促しました。

徳門：

第3弾と第4弾の間に、「マイラちゃん」というグアム版「マカナちゃん」もスタートさせて、利用者層を広げる試みもしています。

岡本：

そうやって、利用者層、再来訪、利用場面を増やして、「マカナちゃん」との会話を増やすことによって、お客様にいろいろと遊んでもらいながら、ハワイの知識を増やしてもらい、「HAWAIICO」の記事からは、観光情報に限らない新しいハワイの魅力を知ってもらうようにしています。今のステージの意義は、多くの方々にハワイ旅行の本当の魅力をお伝えできるようにすることです。

「意義を明確にする」とは、ステージが変わるたびにそのときの課題をあぶり出し、今の「マカナちゃん」だったら次に何を目指すべきかを明らかにすることです。もしうまく意義が満たせなかったとしても、それも学びです。そのときの

「マカナちゃん」の状況を見ながら、次のプランを考えていきます。

AIを使うプロジェクトでは、柔軟に舵を切っていくことが大事だと思っています。

### ● AIが回答しきれないところをキャラクターが補ってくれる

徳門：

お客様が「マカナちゃん」を使うたびに、パワーアップしていたり、改善がされたりしていないと飽きられてしまいます。ここは、企画力が試されるところです。どういうふうに見せるか常に考えています。

ほかに特に大変なのが、キャラクターに学習させることです。特に最初の頃は、トリップアドバイザーもVisual RecognitionもDiscoveryもなかったので、回答の精度を上げるには人間が教え込まなければならず、苦労をして改善していきました。今はその土台の上に、Visual RecognitionやDiscoveryといったWatsonの機能を加えて、うまく回答ができるようになりました。

一方、キャラクターに助けられている面もあります。「マカナちゃん」はJALのいろいろなサービスの中で、唯一、くだけた言葉づかいをしています。たとえば「マカナだよ」というような言い方です。もしキャラクターの設定を客室乗務員（キャビンアテンダント）にしていたらうまくいかなかったのではないかと思います。客室乗務員に「わかりません」という回答はさせられませんし、そんな回答をする客室乗務員に、お客様が共感することはありませんから。

現在のAIは人間のように回答することはできません。でも、「マカナちゃん」というキャラクターであれば、回答のニュアンスが「わからない」というトーンでも受け入れてもらえます。これは新しいコミュニケーションの形だと思っています。技術で完璧にできないところをキャラクターがフォローしています。

回答の表現にも気をくばりました。最初にリリースするとき、質問の言い回しは1000個くらい集めました。それに対して、用意した回答は150個くらいです。だからどれを聞かれても、ある程度は会話が成り立つ、何を聞かれても80%の回答にはなっている、という文章を作るようにしました。完璧にできないところは表現で補っています。

――「マカナちゃん」というキャラクターにしたのは、どういうきっかけだったのですか。

岡本：

取り組みをはじめた頃、キャラクターを教育しているときに、AIは赤ちゃんに似ているという印象を持ちました。こんなことも教えなくてはいけないんだという驚きです。てっきりWikipediaぐらいの知識は搭載されているのではないかという想像をしていたのですが、そうではなくて1から教えていかなければならない。子どもを赤ちゃんから育てあげるような感覚でした。

かなり不完全な状態でも、いったんマーケットに出して、ユーザーと一緒にAIを育てていくようなシナリオがあったら面白いと考えました。そこで赤ちゃんのようなキャラクターにしようということになりました。

徳門がラフを作画して、それをデザイナーに描き起こしてもらって、生まれたのがこの「マカナちゃん」です。

徳門：

「マカナ」はハワイ語で「贈り物」という意味です。ハワイのバーチャルアシスタントに合っていると思って描きました。

「マカナちゃん」のキャラクター性には徹底的にこだわっています。アプリになったことで表現力が増しました。アプリはIDが紐付いているので、お客様が誰か判断できます。だから、アプリの最初の画面では「○○さん、こんにちは」というように呼びかけるようにしました。また、あいさつも時間ごとに変えています。朝だと「おはよう」と言ったり、深夜に見ると「早く寝ないとダメだよ」と言ったりします。

ハワイに着くと「ハワイの朝日を見に行こう」なんてことも言います。アプリになったことで、位置情報がわかるようになり、今までブラウザだけだとできなかったそういった表現もできるようになりました。

## ● いちばん大変なのは技術ではなく、学習

——「マカナちゃん」に使われているWatsonの技術でメインとなっているのはWatson AssistantとNLCですか。

徳門：

「マカナちゃん」は、会話のパターンが大きく2つあります。マカナちゃんに一から学習させているFAQを回答するパターンと、外部情報（ハワイのおすすめスポットや関連記事など）を紹介するパターンです。その最初の分岐の精度を上げるために、そこだけNLCを使っています。基本的な会話制御や、自然言語理解は、Watson Assistantを使っています。ただ、2つの大きな会話フローをまず分けるところは、NLCに判断させています。APIを使い分けることで、学習量を抑えて精度を出すことができます。

FAQを回答するパターンというのは、たとえば「JALは何時に飛行機が出るの」とか、そういう定型のものです。数としては250パターンほどあります。他方、ハワイのおすすめスポットを紹介するパターンは、Discoveryも使いながら回答をしています。

——Watson Assistantのインテント（第4章参照）に入れる質問の言い回しは、どれくらい学習させているのですか。

徳門：

最少で1回答あたり10個です。回答が250個あるので、言い回しは全部でミニマム2500個くらいあります。1回答を増やすごとに、また10個ぐらい教え込

んで、という追加学習をどんどんやっています。

岡本：
　1000個の質問の言い回しなど、最初の学習を担当したチームは、徳門に加えて、フロントラインで電話を取っているスタッフや、ハワイの企画商品を作っているスタッフ、いろいろな立場の者を呼びました。5、6人のチームで、プロジェクト内では「お母さんチーム」と呼んでいました。まさにお母さんのように「マカナちゃん」を育てあげました。
　学習をさせていくのもかなりの労力を伴います。正解となる教師データを集めたり、作ったり、学習させたり。そこを人間がやる限り、AIは人間の手がかかります。AIが勝手にどんどん賢くなっていくという世界は、まだまだ遠いなと思いました。

徳門：
　技術を集めてできたチャットボットなのですが、いちばん大変なのは技術的なところではなく、学習なんです。

## ● キャラクターを通じて、Webとリアルの行き来ができる

——今回、ハタプロのZUKKUをベースとしたロボットに「マカナちゃん」を搭載して、リアルの場にチャットボットを持ってくるという試みをされています。どのような狙いがあるのでしょうか。

徳門：
　経緯としては、2018年10月にハタプロの伊澤諒太さんとお会いしたところからはじまります。弊社にはオープンイノベーションを推進するJAL Innovation Labという施設があります。そこでスタートアップ企業の方々に技術を紹介してもらう機会があり、ハタプロのZUKKUに出会いました。
　JALとお客様との接点はネットだけではなく、さまざまな場所にあります。たとえば、機内、店舗、空港のラウンジ、ハワイならホノルル市内のラウンジもあります。そういったリアルの接点がたくさんあることに、ZUKKUの説明を受けて気が付いたのです。今までネットだけで展開していたものを現地に置いたら、どういうコミュニケーションが生まれるのだろう。そう考えました。

岡本：
　ロボットの「マカナちゃん」としゃべって、もう少し話を続けたい人はサイトにアクセスしてもらえると、また「マカナちゃん」に会って会話を続けられます。この世界観はいいな、と思っています。リアルなAIロボットであれば、リアルだ

けで完結してしまいます。しかし「マカナちゃん」というバーチャルキャラクターであれば、Webとリアルの双方向の行き来ができるのです。

徳門：

　ZUKKUはWatsonを使っているので、技術的な観点からロボットがどこまで使えるのか興味があります。その場合でも、今までのWatsonのサービスでもそうだったように、なるべく小さくはじめて、うまくいったら次、という展開をしていきたいです。まずは置いてみて、お客様との接点でロボットが受け入れられるのかどうかを見てみたいです。

　だから、ZUKKUを「マカナちゃん」にするためのカスタマイズも、最小限にしています。顔と足だけは変えてもらいました。ここが変わっていないと「マカナちゃん」だとわかりませんから。あとはZUKKUそのままです。その結果、2か月という短期間でリリースまで至ることができました。

　このようにスピードを重視しているのは、技術はどんどん陳腐化してしまうという焦りがあるからです。ロボットも、今やらないとすぐに当たり前のものになってしまうのではないか。技術が出てきたら、すぐ試さないといけない。そういう気持ちがあります。今は、とにかく試して、結果をみるということをなるべく小さいサイクルでやっています。

　スピードを大切にしているので、開発は3か月サイクルで回しています。開発期間としては短くて大変なのですが、このくらいがちょうどいいと思っています。

岡本：

　「マカナちゃん」は、社内でも成功事例として認知されています。そのことも、

ロボットを使う企画がスムーズに通った理由です。「マカナちゃん」は2年間で第4弾までやり抜いてきているという実績と信頼があります。そこに、ハタプロのZUKKUというノウハウが集まってできたロボットが組み合わさったので、2か月でリリースまでこぎつけられました。

## ●「マカナちゃんも、まだまだ道半ばなんです」

——Web販売部という部署で、AIを推進されていることも特徴的だと思いました。どうしてWeb販売部がAIに取り組もうと思ったのですか。

**岡本：**

　私たち「Web販売部」の最大のミッションは、JALのeコマースを通じた収入の最大化です。ネットで航空券を買っていただいたり、ツアーを買っていただいたり、そうしてJALグループ全社の収入を上げていくことです。

　eコマースという領域では技術がどんどん進歩しています。Web広告の技術や、ビッグデータを使っておすすめをする技術、決済の技術。いろいろな手段がどんどん進化していて、AIも取り組まなければならない分野だと考えています。AIをどうやってビジネスに取り込んで、eコマースの収益を上げ、サービスレベルを引き上げられるか。これが今の課題です。

　その意味では、「マカナちゃん」も、まだまだ道半ばです。もっと優れた"セールスパーソン"にならなくちゃいけない。お客様がいらっしゃったときに、顔も判別できて、どういう人かわかって、たぶんこう話しかけたらいい、というような判断をできるようにならないといけないのです。販売の方法はたくさんあります。eコマースという一見ドライな世界にも、そういう人間的なものがどんどん出てこようとしているのです。

——「マカナちゃん」は、ますます発展していくのですね。

**徳門：**

　2年間の積み重ねがあるので、ロボットという新しい話もスムーズに進みました。どれだけやればいいという明確なものはないと思うのですが、粘り強く取り組んできたことが、これだけの知名度や、サービスの改善につながっていると感じます。

　長くやっているからいいものになっていく。「マカナちゃん」は、社内からも社外からも本当に愛されて、育ってきました。

## あとがき

　Watson Assistant（照会応答）、Watson Discovery（探索）、Watson Studio（機械学習、統計解析）の体験をとおして、Watsonを用いた開発を見てきました。

　Watsonをアプリケーションに組み込むことで、これまでになかった新しい可能性が拓かれます。Watson Assistantによるチャットボットをつうじた、生き生きとしたインタラクションは、その代表的なものでしょう。Discoveryでは、手軽に、高度な検索システムを作ることができます。本格的な機械学習やディープラーニングをするのであれば、Watson Studioが役に立つでしょう。本書を片手に、ぜひさまざまなWatsonを試してみてください。

　本書ではカバーしきれなかった多くの機能については、公式ドキュメント（URL https://cloud.ibm.com/docs）が参考になります。また、インターネットで検索してみると、多くの人がWatsonを解説しています（例：URL https://qiita.com/tags/watson/items）。あなたの開発の参考になることでしょう。

　著者たちは、Watsonのユーザーコミュニティーである「水曜ワトソンカフェ」で出会いました。「水曜ワトソンカフェ」は月に1回、Watsonの開発者や利用者が集まって、ビアバッシュ形式で盛り上がっています。本書を読んだ読者の方も、もしよろしければ、ぜひ参加してみてください。お会いできるのを、楽しみにしています。

- 「水曜ワトソンカフェ」
  IBM Cloudのユーザーコミュニティーである「Bluemix Users Group」で開催しています。
- Bluemix Users Group
  URL https://bmxug.connpass.com/

　本書の執筆にあたり、多くの方のご支援をいただきました。特に手厚いご支援をいただいた翔泳社の宮腰さん、ありがとうございました。

　最後に、本書を手にとってくださったあなたに、お礼を申し上げます。ありがとうございました。

2019年2月吉日

伊澤諒太、井上研一、江澤美保、佐々木シモン、羽山祥樹、樋口文恵

## 著者プロフィール

### 伊澤諒太（いざわ・りょうた）

ハタプロ・ホールディングス代表取締役。

2010年に株式会社ハタプロを創業、先端テクノロジーを駆使し技術者を育成するIT教育事業を展開。2016年にIBMのオープンイノベーションプログラムで商業AIロボットを開発し受賞後、ロボット事業子会社としてハタプロ・ロボティクス株式会社を設立。AIとIoTを組み合わせたマーケティング支援ロボット「ZUKKU（ズック）」を展開し、さまざまな業界のAIサービスの開発〜事業化を支援。近年は地方自治体・銀行・電力・IT企業の共同出資による半官半民の合弁会社も設立。大企業やベンチャーと行政による、AIとIoTを活用した次世代まちづくりを推進している。本書では第7章を担当。

### 井上研一（いのうえ・けんいち）

経済産業省推進資格ITコーディネータ／ITエンジニア。

井上研一事務所代表、株式会社ビビンコ代表取締役、一般社団法人ITC-Pro東京理事。北九州市出身、横浜市在住。AIやIoTに強いITコーディネーターとして活動。北九州市主催のビジネスコンテスト「北九州でIoT」に応募したアイディアが入選し、メンバーと株式会社ビビンコを創業。著書に『初めてのWatson』『ワトソンで体感する人工知能』（いずれもリックテレコム）など。セミナーや研修講師での登壇多数。本書では第6章を担当。

### 江澤美保（えざわ・みほ）

企業向けWebポータル製品の開発、大規模事務管理の海外移管プロジェクト、企業向け決済サービスのフィールドエンジニア等を経て先端技術（人工知能・コミュニケーションロボット）の法人営業に転向。2015年よりIBM Watsonに携わり、経営層へのWatson導入提案を多く経験。現在は企業のAI導入支援を手掛けるAIコンサルタント・エンジニアとして活動中。2016年3月「第2回IBM Watson日本語版ハッカソン」にてアイディア賞受賞。2019年IBM Champion。本書では第5章を担当。

## 佐々木シモン（ささき・しもん）

日本IBM株式会社。2017年にスタートアップ支援プログラムのIBM BlueHubでのメンター活動中に、AIコミュニティー「水曜ワトソンカフェ」を開く。ソリューションアーキテクトやDeveloper Advocateとしてセミナー講演経験を経て、AIやAR/VRなどの技術分野でキャリアを構築中。本書では第3章を担当。

## 羽山祥樹（はやま・よしき）

IBM Champion。2016年よりIBM Watsonに携わる。HCD-Net認定 人間中心設計専門家。使いやすいウェブサイトを作る専門家。担当したウェブサイトが、雑誌のユーザビリティランキングで国内トップクラスの評価を受ける。専門はユーザーエクスペリエンス、情報アーキテクチャ、アクセシビリティ。CNET Japanブロガー。ライター。NOREN。翻訳書に『メンタルモデル──ユーザーへの共感から生まれるUXデザイン戦略』『モバイルフロンティア──よりよいモバイルUXを生み出すためのデザインガイド』（いずれも丸善出版）がある。本書では第1～4、7章を担当。

Twitter: @storywriter

## 樋口文恵（ひぐち・ふみえ）

SI企業に入社後、8年間をインフラエンジニア、ネットワークエンジニアとして、お客様先でのネットワーク構築、コンサル業務に従事。2017年1月にAI専任のエンジニアになりWatsonに携わる。主担当はWatson AssistantとNatural Language Classifier。リリースをサポートしたチャットボットは40本以上。本書では第4章を担当。

# イラストレータープロフィール

## はやしすみこ

ギャラリーで油彩画、鉛筆画を発表している絵描き。IT系企業に勤めた後、マンツーマン中心のデッサン教室「アトリエうみねこ」を個人運営、幅広い年齢層にレッスンを提供中。現在、一般入試を経て美大に入学、新しい学びの日々を送っている。

Instagram：@sumicohayashi

# INDEX

## A
AI .................................................... 004
Anaconda .................................... 221
API .................................................. 006
APIキー ................ 037, 040, 110

## B
Build with Watson ............ 045

## C
capacity unit hours ........... 211
Carthage ................................... 234
Catalog ...................................... 209
classify関数 ............................ 230
classifyImage() ..................... 241
Cloud Foundryの組織 ..... 104
Code Patterns ....................... 044
Community ............................ 210
Core ML .................................... 232
create_classifier関数 ...... 229
cURL ..................... 030, 038, 040

## D
developerWorks .................. 046
Discovery ................... 122, 146
　扱えるデータ形式 .......... 129
Discovery News .... 126, 139
DSX ............................... 202, 203

## E
Enrich ......................................... 158
envファイル ............................ 087
Environment ........................ 125

## G
Get HTTP Resource ........... 107

## H
Git ................................................. 085
GitHub ........................... 084, 085

## H
Homebrew ............................. 234

## I
IBM Cloud ................................ 007
IBM Cloud CLI ........... 043, 080
IBM Cloud Docs .................. 047
IBM Cloud Functions ...... 102
IBM Cloud Object Storage
　..................................................... 214
IBM Data Science
　Experience ........................ 203
IBM Developer ......... 044, 045
IBM Watson ........................... 004
iOS Core MLとの連携 ...... 232

## J
JSON ............................. 083, 129
JSONエディター ................. 113

## K
Knowledge Studio .......... 170
　～の環境を作成 ............. 174

## M
manifest.ymlファイル ...... 096
matplotlib ................. 259, 278
MNIST ....................................... 258
Model Builder ..................... 246
Modeler Flow ...................... 257

## N
Natural Language
　Understanding ............. 122
Neural Network Modeler
　..................................................... 257
NLU .............................................. 122
NLU連携 .................... 132, 134
Notebook ................. 209, 221

## P
Postman ................................... 041
PowerShell ............................. 083
Projects .................................... 208

## Q
Qiita ............................................ 046

## R
REST ........................................... 040
Rule Class ............................... 178

## S
scikit-learn ............... 243, 244
SDK .............................................. 046
SDU ............................................. 152
SGD ............................................. 262
Services ................................... 211
Speech to Text ....... 020, 032

## T
Think .......................................... 012

## U
updateLocalModels() ..... 240

## V
Visual Recognition
　........................... 217, 218, 221

## W
Watson Assistant .. 054, 055
Watson Discovery ............ 122
Watson Discovery News
　.................................... 126, 139
Watson Knowledge
　Studio ........ 130, 170, 171
Watson Machine
　Learning ............................ 275
　インスタンスの
　　関連付け ........................ 247
Watson Studio .................... 203
　Catalog ................................. 209

| Community | 210 |
| Manage | 211 |
| Projects | 208 |
| Services | 211 |
| WKS 連携 | 131, 133, 134 |

## X
Xcode ......................................... 233

## Z
ZUKKU ....................................... 284

## あ
アノテーション
................................ 171, 172, 186
アノテーションセット ............ 182
　～の作成 ............................... 184
意味役割抽出 ............................ 138
インテント ................................ 074
エンティティー
................................ 061, 123, 172
　～の抽出 ............................... 132
エンティティー・サブタイプ
........................................... 132
エンティティー・タイプ ........ 132
エンリッチ ................... 124, 158
エンリッチ機能 ....................... 130

## か
概念のタグ付け ....................... 137
顔モデル .................................... 217
確率的勾配降下法 ................... 262
画像認識モデル ....................... 232
カテゴリーの分類 ................... 136
関係性 ........................................ 173
関係の抽出 ............................... 133
感情分析 .................................... 139
キーワードの抽出 ................... 135
機械学習 .................................... 171
　～モデルを作成 .................. 181
キャパシティー単位時間 ...... 211
クエリ ........................................ 124
クエリ機能 ............................... 140

クラウドサービス ................... 018
グランドトゥルース・エディター
........................................... 190
クローラー ................................ 124
検索パラメーター ................... 140
交差エントロピー ................... 262
構造パラメーター ................... 141
コードパターン ....................... 044
コレクション ................ 126, 149

## さ
サービス .................................... 006
辞書の追加 ............................... 177
事前アノテーション .. 182, 186
シノニム .................................... 062
集約関数 .................................... 142
食品モデル ............................... 217
人工知能 ......................... 004, 013
スキル ........................................ 058
性格判定 .................................... 012
センチメント分析 ................... 139

## た
ターミナル ............................... 083
タイプシステムの設計 ......... 175
タグ付け .................................... 171
地域 ............................................ 104
チャットボット
................................ 054, 083, 106
データソース .......................... 128
テキストモデル ....................... 217
同一性 ........................................ 173
特有エンティティー ............... 133
トリップアドバイザー .......... 296

## な
認識精度 .................................... 231
ノード ........................................ 064
　～の順番 ............................... 078

## は
バケット .................................... 226
パッセージ ............................... 142

ヒューマンアノテーション
................................ 182, 187
ファジーマッチング ............... 161
フィールド ............................... 152
　～の管理 ............................... 157
フィールドラベル ................... 153
不適切モデル ........................... 217
プライベート・データ・コレク
ション ................................... 127
返答のノード ........................... 078

## ま
マカナちゃん ........................... 294
モジュール ............................... 006
モデルのトレーニング ......... 195

## や
有償アカウント ....................... 100
要素の分類機能 ....................... 140

## ら
ライト・アカウント .... 005, 019
リージョン ............................... 104
ルールベース ........................... 171

| 装丁・本文デザイン | 大下 賢一郎 |
|---|---|
| 装丁写真 | iStock.com/alukard1 |
| 編集・DTP | 有限会社 風工舎 |
| 校閲協力 | 佐藤弘文 |
| 検証協力 | 村上俊一 |
| イラスト | はやしすみこ |

# 現場で使える！Watson開発入門
## Watson API, Watson StudioによるAI開発手法

2019年 3月20日　初版第1刷発行

| 著　者 | 伊澤諒太（いざわ・りょうた）、井上研一（いのうえ・けんいち）、 |
|---|---|
|  | 江澤美保（えざわ・みほ）、佐々木シモン（ささき・しもん）、 |
|  | 羽山祥樹（はやま・よしき）、樋口文恵（ひぐち・ふみえ） |
| 発行人 | 佐々木幹夫 |
| 発行所 | 株式会社翔泳社（https://www.shoeisha.co.jp） |
| 印刷・製本 | 株式会社ワコープラネット |

©2019 RYOTA IZAWA, KENICHI INOUE, MIHO EZAWA, SHIMON SASAKI,
YOSHIKI HAYAMA, FUMIE HIGUCHI

＊本書は著作権法上の保護を受けています。本書の一部または全部について（ソフトウェアおよびプログラムを含む）、
　株式会社翔泳社から文書による許諾を得ずに、いかなる方法においても無断で複写、複製することは禁じられています。
＊本書へのお問い合わせについては、ii ページに記載の内容をお読みください。
＊落丁・乱丁はお取り替えいたします。03-5362-3705 までご連絡ください。

ISBN978-4-7981-5849-5
Printed in Japan